高等农林院校普通高等教育林学类系列教材

普通昆虫学
实验与实习指导

钱昱含　李　巧　主编

中国林业出版社

内容简介

本教材根据西南林业大学《普通昆虫学》教学大纲内容，结合该校昆虫学教学的实际情况而编写。包括昆虫的外部形态、昆虫的内部结构和生理学、昆虫生物学、昆虫分类学、昆虫生态学和普通昆虫学教学实习 6 部分，共 21 个实验和 4 个实习内容。

图书在版编目(CIP)数据

普通昆虫学实验与实习指导/钱昱含，李巧主编. —北京：中国林业出版社，2021. 6
高等农林院校普通高等教育林学类系列教材
ISBN 978-7-5219-1203-6

Ⅰ. ①普… Ⅱ. ①钱… ②李… Ⅲ. ①昆虫学-实验-高等学校-教学参考资料 Ⅳ. ①Q96-33

中国版本图书馆 CIP 数据核字(2021)第 108729 号

云南省"双万计划"一流本科专业专项建设经费
西南林业大学生物多样性保护学院植物保护学科建设经费资助

中国林业出版社教育分社
策划、责任编辑：肖基浒
电话：(010)83143555　　**传真：**(010)83143516

出版发行　中国林业出版社(100009　北京市西城区刘海胡同 7 号)
　　　　　E-mail:jiaocaipublic@ 163. com　电话：(010)83143500
　　　　　http://www. forestry. gov. cn/lycb. html
经　　销　新华书店
印　　刷　三河市祥达印刷包装有限公司
版　　次　2021 年 6 月第 1 版
印　　次　2021 年 6 月第 1 次印刷
开　　本　710mm×1000mm　1/16
印　　张　7
字　　数　133 千字
定　　价　25. 00 元

《普通昆虫学实验与实习指导》
编写人员

主　　编　钱昱含　李　巧

副 主 编　和秋菊　张新民　刘乃勇　朱家颖

编写人员　（以姓氏笔画排序）

朱家颖（西南林业大学）

刘乃勇（西南林业大学）

李　巧（西南林业大学）

张新民（西南林业大学）

和秋菊（西南林业大学）

钱昱含（西南林业大学）

前　言

普通昆虫学是高等农林院校植物保护、森林保护、动物学等专业学生的专业基础课程之一。普通昆虫学室内实验与野外实习是课程教学的重要环节，是理论联系实际的基本途径，能加深学生对课堂内容的理解，更好地掌握昆虫学的基础理论和基本技能。

为适应教学改革和形势发展，西南林业大学生物多样性保护学院《普通昆虫学》教学团队，根据最新植物保护培养方案和教学大纲的调整，结合目前教学实践，编写《普通昆虫学实验与实习指导》作为植物保护及森林保护等相关专业室内实验与野外实习的参考教材。

本书包括昆虫的外部形态、昆虫生物学、内部构造与生理、昆虫分类、昆虫生态和教学实习 6 个部分。本教材在编写过程中融汇了各校在普通昆虫学教学方面的精华，借鉴了多部普通昆虫学的实验实习指导，加强了昆虫分类部分和生态学部分的实验，同时参考袁锋等(2006)的《昆虫分类学》教材，在本书附录中提供了昆虫常见目分亚目、总科或科的检索表，为学生在实习过程中准确掌握鉴别特征和正确鉴定昆虫提供有效的参考工具。

本书的编写得到了西南林业大学生物多样性保护学院昆虫教研室各位老师的大力支持和帮助。本书得到了云南省“双万计划”一流本科专业专项建设经费和西南林业大学生物多样性保护学院植物保护学校建设经费资助出版。

本教材编写的目的是在内容和形式上更利于普通昆虫学课程实验和实习的开展，方便学生学习和使用，但由于我们水平有限，书中难免存在错漏和不足，敬请读者和同行专家提出宝贵意见，以便在今后的工作中改进。

编　者

2021 年 3 月

昆虫实验室守则

昆虫学实验与实习课是普通昆虫学教学中的一个重要环节，只有通过实验和实习，大量采集和认真观察昆虫标本，才能切实做到理论联系实际，使同学们加深对课堂讲授内容的理解，牢固掌握昆虫学的基本知识。此外，通过实验和实习，可提高学生的基本操作技能以及独立思考问题和分析解决问题的能力，同时还可培养学生实事求是的科学态度和团结协作精神。

为了保证昆虫学实验与实习课顺利进行，将有关规定如下，请大家共同遵守。

1. 上实验课前，认真预习实验指导，了解每次实验课的内容和操作要领，课后及时复习课堂学习的相关内容。

2. 每次实验课要带齐教材、实验报告纸和实验用具等。

3. 实验台上不能堆放书包、雨具或与实验无关的物品，保持实验室的整洁；不要随地吐痰；不要随地扔纸屑杂物，或在抽屉中放纸屑杂物；不要将食品带到实验室中来。

4. 在实验中，严肃认真，保持实验室安静；禁止大声喧哗和随便走动，不迟到、早退和无故缺课。

5. 实验过程中要仔细观察标本，认真思考，不懂之处积极向指导老师提问。

6. 要爱惜标本，未经老师同意，不得随意解剖标本，不可随意打开盒装或瓶装标本；实验用具不得乱扔，用毕应归还原处，避免损坏。标本解剖和制片等要规范操作，避免标本和试剂的浪费。

7. 严格遵守双筒体视显微镜的操作规则。使用前后要检查有无损坏和缺少附件，如有问题必须报告指导老师，并根据具体情况按相关制度处理。

8. 实验报告要求使用学校统一印刷的实验报告纸，文字部分请用黑色钢笔或签字笔书写，不可用圆珠笔书写，图表部分请用 HB 铅笔绘制；实验报告要书面整洁，字迹正确清楚、文字简练通顺，按规定的时间完成实验报告。

9. 实验完毕，对所用仪器要进行检查，双筒体视显微镜复原，盖上防尘罩，各组将标本整理好，用具擦净放妥，保证实验台物品摆放整齐。值日的同学课后要清洗玻璃器皿、擦洗实验台，拖扫地面，将凳子放在实验桌下，关好水电和门窗后方能离开。

昆虫体视显微镜的构造和使用

体视显微镜又称实体显微镜、双筒体视显微镜、双目立体显微镜或双目解剖镜等，是利用斜射光照明，观察不透明物体的立体形状或表面结构；也可以使用镜座内的透射光照明，观察较薄或透明的生物标本；还可直接观察组织切片，起到低倍透射显微镜的作用，是进行昆虫实验、教学和科研的常规仪器之一。

体视显微镜有许多类型，但结构基本一致，现以舜宇 SZ 型双筒体视显微镜为例进行介绍。

一、基本构造

1. 镜座

包括底座、支柱、导杆。底座上装有底光源、2 个压片、2 块载物盘(一块为磨砂玻璃；另一块由合成材料制成，一面为黑色，一面为白色)以及上、下光源亮度调节旋钮。

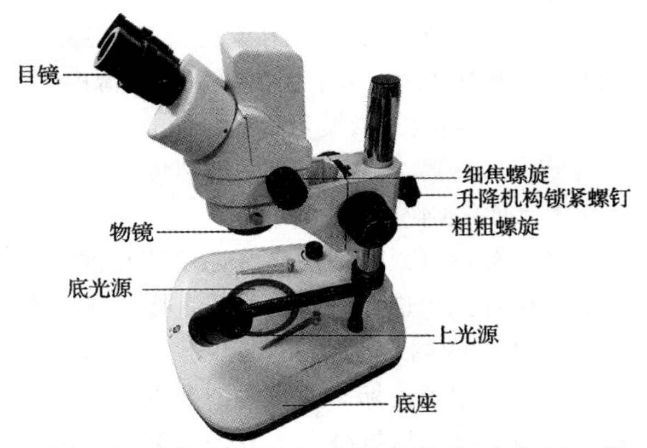

带光源底座：底座上带有立柱，立柱带有支承圈，位于升降机构的下方，能防止升降机构从立柱上意外滑落。底座中央有 1 个可移动的圆盘，即载物盘或台板，随底座配有毛玻璃台板和黑白台板各 1 块，供不同用途时选用。在底座中后部有 1 对弹性压片，用以固定昆虫和其他易动物体。底座台板孔的正下方装有 12 V/10 W 的卤素灯，转动底座左侧的亮度调节旋钮可以开关和调节照明亮度。

上光源：上光源位于底座右上方，由金属弯管连接光源筒，可随意弯曲成各种角度，转动光源筒侧面的调节旋钮可开关和调节照明亮度。上光源内配有带反光碗的 12 V/20 W 卤素灯。

2. 镜体

由物镜部分和目镜部分组成，安装在升降机构的安装孔内，用升降机构后侧的紧固螺钉锁紧。旋转镜体两侧的细调焦螺旋，可实现物镜放大倍数的连续调动。物镜固定在镜体上。目镜包括目镜、眼罩、目镜筒、视度调节圈等。目镜的放大倍数通常为 10 倍，也可根据需要替换为其他倍数。目镜带 2 个目镜筒，双目倾斜 45°，2 个目镜筒间的距离可调节以适应不同瞳距的观察者，视度调节圈可调节以适应不同视力的观察者。为了防止外来光线的干扰，目镜上多设有眼罩，便于更好地进行观察。

3. 升降机构

升降机构安装于底座的立柱上，并支撑体视显微镜镜体，可通过升降机构上的锁紧螺钉将升降机构固定在立柱的任意高度。粗调焦螺旋位于升降机构的两侧，通过旋动可使镜体上下移动以对观察标本进行调焦。粗调焦螺旋具有打滑功能，当调焦到行程的上、下极限位置时会空转，以防止对齿轮的过度挤压。

总开关：位于底座的左侧面，可统一开关上下光源。

二、体视显微镜的使用

1. 光源的调节与使用

开启前要检查总开关是否开启，上下光源是正常且是否处于最低亮度。开启光源，透明玻片标本要用底光源（透射光源），实体标本一般用上光源（反射光源），使用过程中可根据需要调节光源的亮度。

2. 调节体视显微镜目镜间距

转动目镜筒，使两目镜间的宽度适合自己两眼间的距离。

3. 观察标本的放置

针插标本可以手持观察，也可插在泡沫板上进行观察；浸泡标本要放在玻片上或培养皿中进行观察，严禁直接放在载物盘上，以免将其污染。

4. 焦距的调节

首先根据观察标本的实际情况进行粗调，即先将粗焦螺旋向顺时针方向拧松，将整个镜体沿导杆向上方提起至适当高度（视观察物体厚度灵活掌握），保证载物盘上的昆虫在视野范围内，即可进行观察。观察时，慢慢转动粗焦螺旋调节焦距进行微调，至视野内的物像清晰为止。若其中一目镜不清晰，可转动视度调节圈，直至两眼同时看到的物像清晰为止。在调节粗焦螺旋时，细焦螺旋应调至最低放大倍数。

5. 调整放大倍数

本书所讲的体视显微镜可调放大倍率为 0.67~4 倍，观察时可根据需要转动倍率盘。

6. 整理与归还

观察完毕后，关闭总电源，移除观察物，将各部件恢复原位。旋转粗焦螺旋使镜体连接处与连接杆上的固定器齐平，保证所有绞齿嵌扣在一起，罩上防尘罩。如需将体视显微镜送还保管室，按取用体视显微镜的要求进行搬运与放置。

三、体视显微镜的搬运与保养

1. 搬运与放置

取用体视显微镜时，必须用右手握住立柱，左手托住底座，小心平稳地取出或移动，严禁单手取用或移动。使用前必须检查附件是否完整以及镜体各部有无损坏，转动粗焦螺旋有无故障，若有问题立即报告。

2. 镜头的保养

体视显微镜的镜头及各种零件不得随意拆卸。使用时若发现目镜或物镜上有异物，不能随意用手、抹布、手绢、衣服等擦拭，应使用洗耳球吹或擦镜纸轻轻擦拭。

目 录

第一章　昆虫外部形态

实验一　昆虫体躯的基本构造与头部器官

一、目的

1. 掌握昆虫纲的基本特征和昆虫体躯的一般构造。

2. 掌握昆虫纲与蛛形纲、软甲纲、倍足纲和唇足纲等其他节肢动物的区别。

3. 掌握昆虫头部的基本构造；了解昆虫头部的线、沟、分区、单眼、复眼以及一些昆虫头部的主要变化；掌握昆虫头式的类型。

4. 通过观察不同昆虫的触角，掌握触角的基本结构和各类型触角的特点。

5. 通过解剖与观察，掌握昆虫口器的基本结构和不同类型口器的构造特点。

二、材料

蜘蛛、鼠妇、马陆、蜈蚣、蝗虫、步甲、蝉、白蚁、蝶、瓢虫、芫菁(♂)、豆象(♂)、天蛾、象甲、蚊(♂)、蝇、鳃角金龟、蝎蛉、蜜蜂、实蝇幼虫、蚁狮或蚜狮、蓟马、牛虻。

三、用具

双筒体视显微镜、解剖针、镊子、载玻片、小培养皿和擦镜纸等常用观察和解剖工具。

四、内容

1. 以蝗虫为昆虫代表，仔细观察蛛形纲、软甲纲、倍足纲和唇足纲的形态特征，试与蝗虫等昆虫进行比较。

2. 以蝗虫为昆虫代表，仔细观察昆虫纲的基本特征、昆虫体躯与头部的基本构造。结合其他昆虫标本，观察昆虫体躯与头部的基本构造。

3. 以蝗虫为昆虫代表，分别从头部的正面、侧面和后面观察头壳上的线、沟、分区。

4. 观察象甲和蝎蛉的头部额、唇基区的变化。象甲的额延长呈象鼻状或鸟喙状，触角着生的位置移到了喙的中部附近，离复眼甚远。蝎蛉的唇基延长呈喙状，其触角和额、唇基沟仍在正常位置。

5. 以蝗虫、步甲、蝉为昆虫代表，观察和区分它们头式的类型。

6. 观察蝉、蝗虫、白蚁、芫菁(♂)、天蛾、豆象(♂)、蜜蜂或象甲、蝇、蚊(♂)、蝶、瓢虫、鳃角金龟，观察比较各类型触角的结构特点，重点比较其变化部位。

7. 观察蝗虫、蜜蜂、蝇、实蝇幼虫、蝶、蚁狮或蚜狮、蓟马、牛虻、蝉，识别不同昆虫口器的外部形态及构造特点。

五、实验报告

1. 比较昆虫纲与蛛形纲、软甲纲、倍足纲和唇足纲的异同。
2. 绘制蝗虫头部正面观的线条图，并注明沟与分区的名称。
3. 比较咀嚼式口器和刺吸式口器的构造特点。
4. 绘制某种昆虫的触角构造图，并注明相应部位的名称。

实验二　昆虫运动器官的基本结构与类型

一、目的

1. 通过观察，掌握昆虫胸部的基本结构。

2. 掌握昆虫的翅和胸足的着生部位、胸足的基本结构与类型。

3. 通过对毛翅目脉序的观察，掌握昆虫原始脉序的特点。

4. 通过对各类型翅的观察，掌握翅的基本构造与类型，了解脉序的变化和翅的连锁方式。

二、材料

蜚蠊、蟋蟀、蝗虫、螳螂、蜜蜂、龙虱(♀、♂)、虱、蝽、蝶或蛾(成虫和幼虫)、石蛾、蓟马、实蝇、角蝉、犀金龟、竹节虫、天牛、食虫虻、家蝇、甲虫幼虫。

三、用具

双筒体视显微镜、解剖针、镊子、载玻片、小培养皿和擦镜纸等常用观察和解剖工具。

四、内容

1. 以蝗虫为例，观察昆虫胸部的基本结构。观察胸部的分节及连接情况，胸足和翅的着生位置，背板、侧板和腹板的划分及连接情况。观察竹节虫、螳螂、蜚蠊、角蝉和犀金龟，注意观察其胸部的变化。

2. 以蝗虫为例，观察昆虫胸足的基本结构。观察蜚蠊、蟋蟀、蝗虫、螳螂、蜜蜂、龙虱(♀、♂)、虱、虻、家蝇的胸足，注意观察胸足的一些变化及其上的一些特殊构造。虻和家蝇的前跗节具爪间突与爪垫，蟋蟀前足胫节具有听器，蜜蜂前足上有净角器。

3. 观察天牛和犀金龟的跗节，注意观察各跗节的节数。

4. 以鳞翅目和鞘翅目幼虫为代表，观察昆虫幼虫的胸足。昆虫幼虫的胸足构造较为简单，跗节不分节，前跗节只有 1 爪。

5. 以蝗虫的后翅为昆虫代表观察翅的基本构造，包括翅的形状、翅的三缘三角和分区。

6. 观察所提供的蜜蜂、石蛾、蝶或蛾(成虫)、蓟马、蝗虫或蜚蠊、竹节虫后翅或螳螂、蝽、犀金龟或天牛或龙虱、实蝇或食虫虻或家蝇的标本，观察不同类型翅的构造特点。

7. 观察石蛾的前翅标本，仔细辨认各条纵脉与横脉，并与假想原始脉序比较，牢记假想原始脉序的各脉名称及位置；与其他标本的翅脉进行比较，观察其他昆虫翅脉的增多和减少情况。

五、实验报告

1. 绘制蝗虫后足或螳螂前足的结构图，并注明各部分的名称。

2. 列表整理所提供昆虫标本足的类型，注意区分前足、中足、后足。

3. 列表整理所提供昆虫标本翅的类型，注意区分前翅、后翅。

4. 绘制石蛾前翅翅脉图，注明各翅脉的名称，将其与假想翅脉脉序图进行比较。

实验三　昆虫腹部的基本结构与外生殖器

一、目的

1. 掌握昆虫腹部的基本构造，了解腹部的区别。
2. 掌握外生殖器的一般构造。

二、材料

蝗虫(♀、♂)、蟋蟀(♀、♂)、蝉(♀、♂)、蜻蜓、蜜蜂、蠼螋、金龟子、蚂蚁、衣鱼、蜉蝣、蝶或蛾(的幼虫)、叶蜂幼虫。

三、用具

双筒体视显微镜、解剖针、镊子、载玻片、小培养皿和擦镜纸等常用观察和解剖工具。

四、内容

1. 以蝗虫为例，观察昆虫腹部的背板、腹板、侧膜及节间膜；观察所提供昆虫标本腹部的形状。

2. 观察蝗虫腹部的节数，观察背板和腹板可见节数是否相同，雌雄个体腹节的差异；观察所提供其他昆虫标本腹部节数的变化。

3. 观察蝗虫、蝉、金龟子腹部气门的位置及数量。

4. 观察蝉的发音器和听器形状及位置。雄蝉第 1 腹节腹面两侧有发音器，上面盖有盾型音盖，音盖常向后延伸到第 2~6 腹节。雌蝉没有发音器，但雌蝉和雄蝉腹部的基部都有听器。雄蝉的听器位于发音器侧腹面。掀开雄蝉音盖，可见到听膜，听膜下有气囊。雌蝉听器的结构与雄蝉基本相同，只是音盖短且窄，掀开音盖，可见到两块狭长的听膜。

5. 观察雌性蝗虫腹末产卵器。其构造特点为：背瓣与腹瓣发达，内瓣退化，从外面看不见。用镊子掀开背瓣可见到里面的 1 对小突起，即内瓣。两腹瓣中间伸出的一指状突起为导卵器；导卵器基部有一小孔，即产卵孔，卵由此产出经导卵器导入土中。

6. 观察雄性蝗虫腹末交配器。用镊子夹住下生殖板后下拉，再轻轻挤压腹部，使交配器从生殖腔中伸出，并在双筒体视显微镜下观察其构造。直翅目昆虫雄性外生殖器只有阳茎及其衍生的构造，没有抱握器。

7. 观察衣鱼与蜉蝣的尾须及形态。注意观察尾须间细长分节的中尾丝，是由第 11 节背板特化形成。观察蠼螋的尾须及形态。蠼螋的尾须可以御敌和帮助折叠后翅等。观察蜻蜓的尾须及形态。观察提供的其他标本是否具有尾须，若有尾须为何形态。

8. 以鳞翅目蛾类、膜翅目叶蜂幼虫为代表昆虫，观察幼虫腹足的着生位置和构造，并比较两者之间的异同。

五、实验报告

1. 简述蝗虫、蝉、金龟子腹部气门的位置及数量。
2. 如何区分鳞翅目幼虫和叶蜂幼虫?
3. 绘制蝗虫(雌性或雄性)的外生殖器结构图并标注各部分的名称。
4. 昆虫头部、胸部和腹部各有哪些附肢?

第二章　昆虫生物学

实验四　昆虫生物学特性的观察

一、目的

1. 掌握昆虫的主要变态类型(不全变态和全变态)的特点和类群。

2. 了解表变态、原变态以及不全变态和全变态的亚类(半变态、渐变态、过渐变态和复变态)的特点和类群。

3. 了解稚虫、若虫和幼虫的区别。

4. 掌握全变态类昆虫幼虫和蛹的基本构造和主要类型。

5. 了解茧的几种常见类型；卵的主要形状，雌雄二型和多型现象。

二、材料

生活史标本：衣鱼、蜉蝣、蜻蜓或石蝇、蝗虫或竹节虫、粉虱或蓟马、凤蝶或金龟子、芫菁。

幼虫标本：茧蜂(玻片标本)、齿蛉、尺蛾、天蛾、螟蛾、叶蜂、步甲、蛴螬、叩甲、扁泥甲、蝇、大蚊、天牛。

蛹标本：黄粉虫、胡蜂、菜粉蝶或草地贪夜蛾、家蝇。

茧标本：家蚕、刺蛾。

卵标本：草蛉、竹节虫、螳螂、蟑螂。

雌雄二型标本：锹甲、犀金龟。

多型现象标本：蚂蚁、白蚁、蚜虫。

三、用具

双筒体视显微镜、解剖针、镊子、载玻片、小培养皿和擦镜纸等常用观察和解剖工具。

四、内容

1. 观察衣鱼、蜉蝣、蜻蜓或石蝇、蝗虫或竹节虫、粉虱或蓟马、凤蝶或金龟子、芫菁的生活史标本，比较各龄幼体和成虫形态的异同，注意幼体和成虫在生活习性方面是否有差别。

2. 观察黄粉虫和胡蜂的蛹，仔细辨认触角、复眼、足、翅、气门排布情况，附肢和翅与蛹体的附着情况；观察菜粉蝶或草地贪夜蛾的蛹，辨认头、胸部各附肢和翅等部分，以及与蛹体的附着情况；观察家蝇的蛹，仔细剥去蛹壳，观察里面的蛹体。

3. 观察家蚕、刺蛾的茧，注意茧的大小、颜色、形状及质地。

4. 观察草蛉、竹节虫、螳螂、蟑螂的卵或卵鞘，辨别其形状差异。

5. 观察天牛幼虫、鳞翅目幼虫、蛴螬的外形差异。

6. 观察锹甲和犀金龟，比较雌雄两性在个体大小、体型和体色方面存在的明显差异。

7. 观察蚂蚁、白蚁的多型现象，比较繁殖蚁、工蚁、兵蚁在大小、形态上的差异。

五、实验报告

1. 昆虫变态有哪些主要类型？各有什么特点？
2. 如何区别若虫、稚虫和幼虫？
3. 全变态类昆虫的幼虫有哪些类型？各有什么特点？
4. 如何区别离蛹、围蛹和被蛹？
5. 分别举例说明什么是性二型、多型现象、警戒色和拟态。
6. 绘制鳞翅目幼虫腹足端部趾钩的结构图。

第三章　昆虫的内部构造与生理

实验五　昆虫内部器官的位置

一、目的

1. 掌握昆虫成虫内脏器官的位置。
2. 掌握昆虫幼虫内脏器官的位置。
3. 掌握解剖昆虫的基本操作方法。
4. 了解成虫和幼虫内脏器官的差异。

二、材料

蝗虫、家蚕幼虫或天蛾幼虫。

三、用具

双筒体视显微镜、剪刀、解剖针、镊子、培养皿、蜡盘、大头针。

四、内容

1. 以蝗虫为材料，解剖观察其内部器官的相对位置

取 1 头浸液蝗虫标本，先剪掉翅和足，再用解剖剪从肛门处沿着背中线偏左的位置向前剪至头部，剪刀尖贴近体壁，以免损伤内脏；再沿腹中线与背中线剪开位置对应的一侧，从头部剪至肛门处，之后将左半边体壁轻轻取下。将剩下的蝗虫体躯放入蜡盘，头向左侧用大头针沿着剪开处斜插体壁进行固定，令虫体体壁张开，注入清水浸没虫体进行观察。

(1)体壁：昆虫体躯的外面包被有一层含几丁质的躯壳。

(2)肌肉系统：主要附着于体壁内脊、内脏器官表面、附肢和翅的关节处，牵引肌肉使昆虫表现出各种行为。注意观察具翅胸节内连接背板与腹板的背腹肌及悬骨间着生的背纵肌。

(3)消化和排泄系统：消化道是从口腔到肛门纵贯体腔中央的一条长管。马

氏管着生在消化道的后半部，即中后肠分界处的很多游离在体腔内的细丝状盲管。马氏管是昆虫主要的排泄器官。

(4)循环系统：是消化道上方的一条前端开口的细管，紧贴背面体壁，是昆虫的背血管，用镊子轻轻除去体壁上的肌肉即可见到。

(5)生殖系统：位于消化道中肠和后肠的背侧面，生殖孔开口于体外，主要由 1 对雌性卵巢与侧输卵管或 1 对雄性睾丸与输精管，以及后肠腹面的中输卵管或射精管和相关腺体构成。

(6)神经系统：腹神经索位于腹面中央，消化道腹面的一条灰白色细带，前端绕向消化道背部与头壳内的脑相连，有神经索和神经节。

(7)呼吸系统：粗细分支的银白色气管系统在消化道两侧、背面和腹面的内脏器官之间。气门气管通过气门开口于体躯两侧与外界进行气体交换，再通过支气管网以及伸入各器官和组织中的微气管进行呼吸代谢。

2. 以家蚕幼虫为材料，解剖观察其内部器官的相对位置

取家蚕 5 龄虫 1 只，用解剖剪从头至尾沿背中线偏左的位置剪开，用大头针扩开体壁，斜插体壁固定在蜡盘上。

(1)消化系统：身体中部一条粗大的管子即幼虫的消化系统。分为前、中、后三段，从口至弯曲的一段为前肠，由细变粗；中肠一段较长且粗大，食物主要在此消化和吸收；后肠分为回肠、结肠、直肠三段，收缩成一节一节，中后肠交界处有马氏管。

(2)循环系统：消化道上方，背部中线下一条灰白色管子，即幼虫的背血管。

(3)呼吸系统：消化道两侧，由气门、气管、微气管组成，树枝状分枝通向各器官。

(4)神经系统：神经系统更细小，需仔细解剖。剪开头壳可见两个圆形脑，有许多分支到达头部的器官，头、胸部之间有一食道下神经节；胸部及腹部的神经节扁圆形，左右两个愈合为一个，前后各节都由神经索相连。

五、实验报告

1. 绘制昆虫内部器官位置的纵切面图或横切面图。
2. 简述昆虫马氏管的基段和端段的组织结构和功能异同。

实验六　消化系统与排泄系统

一、目的

1. 掌握消化器官和排泄器官的构造。
2. 了解不同食性昆虫消化道的变异。

二、材料

蝗虫、麻皮蝽。

三、用具

双筒体视显微镜、剪刀、解剖针、镊子、培养皿、蜡盘、大头针。

四、内容

1. 以蝗虫为材料，解剖观察消化道的一般构造

取 1 头浸液蝗虫标本，剪掉翅和足，从虫体两侧由尾至头部剪开，揭去胸腹背板，掰开头部，取出整个消化道，置于蜡盘中，注入清水浸没后进行观察，找出消化和排泄系统的各部分。

(1) 消化道：分为前肠、中肠、后肠 3 段。

前肠　前端为口，口后为咽喉和较细的食道，食道之后膨大部分为嗉囊，嗉囊之后为前胃，前胃外面包围有胃盲囊。

中肠　呈管状，前端紧连前胃，后端以马氏管着生处与后肠分界。蝗虫中肠肠壁前端生出 6 个胃盲囊，每个胃盲囊分为前后两部分，前端大，覆盖在前胃处，主要功能是分泌部分消化液和吸收营养。

后肠　前端为前粗后细的回肠，外部有 12 条纵行肌肉；回肠后呈“S”形转折的细长部分是结肠，外部有 6 条纵行肌肉；结肠后膨大部分是直肠，外部有 6 条纵行肌肉，其末端开口是肛门。

(2) 马氏管：着生于中肠与后肠交界处，褐色细管，端部游离于体腔中，数量很多，长度不长。蝗虫的马氏管很多，几乎分布于整个消化道上，注意观察马氏管着生处及分丛着生情况。

2. 以麻皮蝽为材料，解剖观察消化道的一般构造

取 1 头麻皮蝽，剪去足和翅，自虫体两侧剪开，去掉背板，注意不要将内

脏气管带走，之后固定于蜡盘中，清水浸没后观察。

(1)用镊子和解剖针轻轻将麻皮蝽体内的银白色的气管、气囊和许多白色片状或颗粒状的脂肪体拨开。

(2)一边将消化道慢慢剥离出来，一边慢慢拉直，边拉边用针将其固定于蜡盘上，在整个解剖过程中小心移动盛有水的蜡盘，以防消化道在水中摆动而断开。

(3)观察消化道前端较粗大的一段，即第一胃；第一胃后面细长部分是第二胃；膨大呈球状的部分是第三胃；最后细长的部分是第四胃，其上有四根较粗的胃盲囊，马氏管着生在第四胃后面膨大的球状体上，最后较粗大部分为直肠。

五、实验报告

1. 绘制蝗虫或麻皮蝽消化道外部构造图，并标注各部位的名称。
2. 通过比较观察，思考昆虫消化道结构与食性的关系。

实验七　循环系统与呼吸系统

一、目的

1. 了解昆虫背血管的基本构造。
2. 了解昆虫呼吸系统的基本构造。
3. 了解水生昆虫呼吸系统的变化。

二、材料

活蝗虫、活家蚕幼虫、蜻蜓稚虫、豆娘稚虫或蜉蝣稚虫、气管玻片标本。

三、用具

双筒体视显微镜、剪刀、解剖针、镊子、培养皿、蜡盘、大头针。

四、内容

（一）观察昆虫的循环系统

1. 以蝗虫为材料，解剖观察背血管的基本构造

沿蝗虫体躯两侧剪开，揭下背壁并使背壁腹面向上，放入蜡盘中，注入清水浸没后进行观察。在头胸部内是较短的一段动脉直管，心脏包括许多连续的心室，每个心室略膨大，心室腹面两侧有三角形翼肌排列，背血管下可见一层背膈。

2. 以活家蚕幼虫为材料，观察昆虫心脏跳动及血液流向

从活家蚕幼虫的外面观察，背部正中央透过体壁可看见一条浅灰色背血管，从后往前，一会收缩一会扩大，血液在背血管中从后往前流动。

（二）观察昆虫的呼吸系统

1. 气管系统的观察

取家蚕幼虫 1 头，自背面剪开一条纵向裂口，放入盛有 5%～10% NaOH 溶液的烧杯中加热，煮沸后用微火维持温度到体内大部分内脏溶解为止。取出虫体放入装有清水的培养皿中，清洗到只剩下透明的表皮及完整的气管系统后，将标本放入盛有清水的培养皿中进行观察。

2. 气门的构造与类型

（1）外闭式气门：开闭机构位于气门腔口的气门。

取活蝗虫 1 头，在体视显微镜下观察位于中、后胸侧板之间的胸气门构造，注意其关闭的方式和形态特点。观察气门外部有两片对生且能够启合的唇形活瓣，活瓣基部具有弹性的弓状垂叶，垂叶内着生闭肌，构成开闭机构。开闭机构内有一空腔，称为气门腔。气门腔内侧开口即为气管口，里面连接气管。

(2) 内闭式气门：开闭机构位于气门腔内气管口的气门。

取家蚕幼虫 1 头，观察腹部气门的构造。将其中一个气门连同周围的体壁剪下，反转固定于蜡盘中，在双筒体视显微镜下细致地剔除气管丛，仅留一小段气门气管。结合气管玻片标本，观察气门外有一圈黑色硬化骨片，即围气门片。气门中央凹陷，密生黄棕色细毛的部分为过滤机构，内侧即为气门腔，腔内为气管口。气管口具有闭弓（气门腔壁骨化成的半圆形板）、闭带（气门腔壁特化成的内褶）、闭杆、闭肌、开肌等开闭机构。用解剖针拨动闭杆，可观察到气门的开闭动作。

3. 呼吸系统的变化

蜻蜓稚虫的直肠鳃生于直肠内壁，呈片状。豆娘稚虫的尾鳃生于腹部末端，共 3 支呈桨状，是肛上板和肛侧板延展而成。蜉蝣稚虫的气管鳃生于第 2~7 腹节两侧，呈叶片状，由附肢特化而来。

五、实验报告

1. 简述背血管、肌翼、背膈膜三者的位置和相互关系。
2. 绘制家蚕幼虫内闭式气门构造图，并注明各部位名称。
3. 比较蝗虫和家蚕幼虫的气门数量和位置。
4. 简述气门构造与适应外界环境的关系。

实验八　神经系统

一、目的

了解昆虫神经系统的基本构造。

二、材料

蝗虫浸液标本。

三、用具

双筒体视显微镜、剪刀、解剖针、镊子、培养皿、蜡盘、大头针。

四、内容

1. 观察昆虫腹神经索和神经节

取蝗虫 1 头，自腹部末端沿背中线剪至前胸前缘，从剪口分开体壁，固定在蜡盘中，注入清水浸没虫体，将消化道的嗉囊到肛门一段和生殖器官去除。观察腹神经索和神经节。注意胸部和腹部神经节的数目，神经索是否成对及其分支情况，观察同节神经节间的神经连锁。

2. 观察昆虫脑部结构和神经节

从蝗虫头部的侧面(或正面)进行解剖，沿复眼边缘仔细剪掉体壁，去除一边的上颚及头壳，用解剖针及镊子剔除肌肉，注意勿损坏脑，露出消化道背面的脑，进行观察。

(1)前脑：位于脑的背上方，似 1 对球状体，由此分出的单眼神经与单眼相连，称单眼柄。单眼柄有 3 个。

(2)视叶：前脑两侧各着生 1 个半球形的视叶，是视觉中心。

(3)中脑：位于前脑的前下方，小于前脑，其上有 1 对伸向侧前方的触角神经。

(4)后脑：位于中脑的下后方，向下侧分出若干对神经，其中最主要的神经是围咽神经。

用剪刀将幕骨桥的中间部分剪除，可观察到如下结构：

(5)咽下神经节：位于头壳内咽喉下方，与后脑之间以围咽神经索相连，并分出 3 对分别达到上颚、下颚和下唇的神经。

(6)额神经节：位于脑前，咽喉背面，通过额神经节可以确定头部额的位置。剪除额区体壁，观察额神经节。由额神经节沿消化道背中线向后，从脑和消化道之间穿过，到达后头神经节的一支神经是逆走神经。

五、实验报告

绘制蝗虫中枢神经系统线条图，并注明各部位的名称。

实验九　生殖系统与内分泌腺体

一、目的

1. 了解雌、雄昆虫生殖系统的基本构造。
2. 了解昆虫内分泌腺体的种类、形状和位置。

二、材料

蝗虫或其他鳞翅目成虫、家蚕幼虫。

三、用具

双筒体视显微镜、剪刀、解剖针、镊子、培养皿、蜡盘、大头针。

四、内容

(一)观察昆虫的生殖系统

1. 观察雌性昆虫生殖系统

取雌蝗虫 1 头，去足和翅后，从腹部末端沿背中线剪开，分开体壁固定于蜡盘中，注入清水浸没虫体；剪断后肠中部将消化道抽出，观察生殖系统构造。

(1)卵巢：由许多卵巢管组成，注意观察卵巢管数目。

(2)卵巢管：分为端丝、卵巢管本身和卵管柄 3 部分。每条卵巢管的端丝汇合成一条悬带，将卵巢附着于体壁上。

(3)侧输卵管：与每个卵巢相连。所有卵管柄共同着生的一小段称为卵巢萼。注意观察卵巢萼端部特化的附腺。

(4)中输卵管：由 2 条侧输卵管汇合而成，后端开口于生殖腔。

(5)受精囊：在生殖腔背面连接有 1 条细长的管子，端部膨大，盘成一团。

2. 观察雄性昆虫生殖系统

取雄蝗虫 1 头，参照雌蝗虫观察步骤进行解剖观察。

(1)精巢：由许多精巢管组成。由一层围膜包裹，围膜延伸成悬带附着于胸部背肌上固定。

(2)输精管：精巢管下端以短小的输精小管汇集并开口于细长的输精管端部。

(3)射精管：2 根输精管汇合于短粗的射精管上，射精管壁肌肉发达，有帮助射精的功能。射精管后端开口于外生殖器的阳茎中。

(4)储精囊和附腺：在输精管和射精管之间，有2束盘成团的小管，其中较粗的是储精囊，临时贮存精子的场所；其他均为附腺，能分泌液体，有稀释精子和利于精子运动的作用。

(二)观察昆虫的内分泌腺体

取家蚕5龄幼虫，由背中线剪开，剪到胸部时，剪刀尽量向上挑起，以免损伤内部器官。剪开后用大头针将其固定在蜡盘上，放入清水浸没虫体，进行观察。

1. 前胸腺

将家蚕消化道两侧的丝腺移除，找到前胸气门的位置，可看到前胸气门向体内伸出的气管丛。分离气管丛，在其基部靠近体壁处有一膜质透明状腺体，即为前胸腺。腺体基部向左右两侧分支交叉在气管丛之间，由后向前顺腺体剥离，直到头侧肌肉中腺体的前端亦分为两支。有的虫体前胸腺的中端有分支，仔细观察前胸腺上的气管及神经分布情况。一般分布于前胸腺的神经主要来自前胸神经节、咽下神经节及中脑。取出前胸腺放在载玻片上，加水，然后在显微镜下观察其形态及构造。在观察的过程中注意思考前胸腺分泌的激素如何在昆虫生长发育中起调节作用。

2. 咽侧体与心侧体

解剖家蚕幼虫的头部，先找到脑，再由前向后完整地将脑剥离出，沿脑后方消化道的两侧仔细分离。在食道两侧附近，可以看到1个很小的乳白色球状腺体，即为咽侧体。其体积仅为脑的1/10左右，须在体视显微镜下才能观察到。咽侧体前方略为膨大、呈透明膜状的结构便是心侧体。观察过程中注意思考咽侧体和心侧体分泌的激素如何在昆虫生长发育中起调节作用。

五、实验报告

1. 绘制蝗虫雌性或雄性内生殖器构造简图，并注明各部位的名称。

2. 绘制家蚕前胸腺、咽侧体或心侧体的相互位置和形态图，描述各腺体所分泌的激素及其功能。

第四章　昆虫分类

实验十　六足总纲各纲与昆虫纲各目的识别

一、目的

1. 了解昆虫纲与原尾纲、弹尾纲、双尾纲的区别。

2. 认识和掌握昆虫纲各目的主要形态特征和生物学特性，并学习查编分目检索表。

二、材料

蚖、䖴、虮、石蛃、衣鱼、蜉蝣、蜻蜓、石蝇、足丝蚁、竹节虫、蜚蠊、螳螂、白蚁、蠼螋、书虱、虱、鱼蛉或齿蛉、蛇蛉、螳蛉、褐蛉、草蛉、蚁蛉、蝶角蛉、石蛾、蝎蛉、跳蚤。

三、用具

双筒体视显微镜、放大镜、镊子、解剖针和泡沫块等。

四、内容

(一)六足总纲(Hexapoda)各纲的主要识别特征

1. 原尾纲 Protura

别称蚖。体微小，体长 0.5～2.5 mm，细长；头锥形，口器内颚式，无触角、单眼和复眼；前足特别长；腹部 12 节，无尾须。

生活在隐蔽潮湿场所，以腐木、腐败有机质和菌类为食。

3 目 10 科。全世界已知 650 种，我国 176 种。

2. 弹尾纲 Collembola

别称䖴，跳虫。体微小至小型，体长 0.2～10 mm，长形或近球形，颜色多样，常有鳞片或毛；口器内颚式；无复眼；腹部 6 节，第 1 节有黏管，第 3 节有握弹器，第 4 节有弹器；无尾须。

生活在隐蔽潮湿场所，以腐殖质和菌类为食。

2 亚目 14 科。到 2004 年全世界已知 5000 多种，我国 290 种。

3. 双尾纲 Diplura

别称虮。体长 1.9～20.0 mm，少数接近 50mm，细长较扁，有的具鳞片或毛；头椭圆形，口器内颚式，触角长且多节，无复眼和单眼；胸足发达跗节 1 节；腹部 11 节，有 1 对显著的尾须呈线状或钳状，无中尾丝。

喜生活在阴湿的地方，一般生活在土表腐殖质层的枯枝落叶中、倒木下、腐烂的树干中、石缝内，有些生活在蚁穴和洞穴中，一遇惊扰就转入缝隙内。一般在离地表 30 cm 内活动。

全世界已知 800 余种，我国已知约 40 种。

4. 昆虫纲 Insecta

成虫体躯分为头、胸、腹三部分；头部有口器和 1 对触角，通常还有单眼和复眼；胸部具有 3 对分节的足，通常还有 2 对翅；腹部大多数由 9～11 个体节组成，末端具有外生殖器；昆虫在生长发育过程中，需要经过一系列内部结构及外部形态上的变化，即变态发育；具外骨骼。

(二) 昆虫纲(Insecta)分目特征

主要包括翅的有无、翅的类型、足的类型、口器类型和触角类型等特征。

(三) 昆虫纲(Insecta)各目的主要识别特征

1. 石蛃目 Archaeognatha

体长常小于 20 mm，近纺锤形，体被鳞片；口器外颚式，上颚外露，单关节突；触角丝状多节，复眼发达，单眼 1 对；第 2、3 对胸足基节上有针突；腹部 11 节，尾须 1 对，有中尾丝。

生活在草原或林区腐殖层中，以植物碎屑、藻类、地衣、苔藓等为食。

全世界已知约 250 种，我国已知 1 科 5 属 13 种。

2. 衣鱼目 Zygentoma

体长 5.0～20.0 mm，体被鳞片或毛；口器外颚式，上颚外露，2 个关节突；触角丝状多节，复眼退化，无单眼；胸足基节无刺突；腹部 11 节，尾须 1 对，有中尾丝。

生活在野外土壤、朽木和落叶层中，室内的书房、衣柜和厨房附近。取食死的植物；可危害书籍、衣服等。

3 科。全世界已知约 250 种，我国已知 20 余种。

3. 蜉蝣目 Ephemeroptera

体小至中型，纤细柔弱；复眼发达，单眼 3 个；触角刚毛状，口器咀嚼式但退化无功能；翅膜质，前翅大，后翅小；腹部可见 10 节，末端有一对细长多节的尾须，一些种类还有一条中尾丝。

原变态，有亚成虫期。稚虫水生，主要取食小型水生动物和藻类等，可监测水质。成虫不取食，在溪流附近活动，有趋光和婚飞习性，寿命很短。

2 亚目 19 科。全世界已知约 3050 种，我国约 360 种。

4. 蜻蜓目 Odonata

体长 30~90 mm，少数种类可达 150 mm，翅展可达 190 mm。头大；复眼大而突出；触角刚毛状；口器咀嚼式；前后翅等长，狭窄，翅脉网状，翅痣明显，休息时平伸、直立或斜立于背上；腹部细长，筒状或扁平，尾须 1 节。雄性次生交配器发达，位于第 2、3 腹节上。

半变态。稚虫水生，又称水虿(Chai)，下唇特化为面罩，利用直肠鳃或尾鳃呼吸，捕食小型水生动物。成虫陆生，捕食飞行活动小型昆虫；有飞翔中点水产卵的习性。

3 亚目 7 总科 25 科。全世界已知约 6000 种，我国已知约 780 种。

5. 襀翅目 Plecoptera

又称石蝇、襀翅虫。体小型至大型，柔软且略扁；头部宽阔；口器咀嚼式；复眼发达，单眼 2~3 个；触角丝状；前胸背板近方形；翅膜质；前翅狭长；后翅臀区发达；极少数种类无翅；跗节 3 节；尾须 1 对，线状多节或 1 节。稚虫形似成虫，以气管鳃呼吸。

半变态。稚虫水生，大多生活在通气良好的水域中，可监测水质。取食藻类、腐败有机质或小型水生生物。成虫在水边活动。在河流、溪流两边的石头、树枝及杂草丛中，多数不取食。

2 亚目 6 总科 16 科。全世界已知约 6000 种，我国已知约 780 种。

6. 纺足目 Embioptera

又称足丝蚁。体小至中型，柔软，色暗；口器咀嚼式；复眼肾形；缺单眼；触角念珠状或丝状；胸、腹部等长；雌虫无翅，雄虫有翅；跗节 3 节，前足第 1 跗节膨大有丝腺，能纺丝做巢；腹部 10 节，尾须 1~2 节。雄虫尾须与腹部末节常不对称。

不全变态。生活于树皮缝隙、蚁穴和白蚁巢等处的丝巢中。昼伏夜出。植食性，取食树的枯外皮、枯落叶、活的苔藓和地衣等。雌虫有护卵的习性。

8 科。全世界已知约 460 种，我国 2 属 7 种。

7. 直翅目 Orthoptera

中到大型；有翅、短翅或无翅；咀嚼式口器；前胸背板发达；后足跳跃足或前足开掘足；跗节 3 或 4 节，极个别 5 或 2 节；前翅为覆翅；雌虫产卵器发达；雄虫常有发音器，前足胫节基部或腹部第 1 节常有鼓膜听器。

不完全变态。多为植栖性，少数土栖性和洞栖性，个别种类有群栖性，或迁飞习性。多为植食性，少数为杂食性或捕食性。

直翅目分亚目、总科、科级的分类系统，迄今没有统一的看法。很多类群作为总科、科还是亚科来安排，有不同意见。本书采用 2 亚目 12 总科 26 科的分类系统。全世界已知 23 600 多种，中国 2850 种。

8. 䗛目 Phasmatodea

体长 3~30 cm；体躯成棒状（竹节虫或杆䗛）或阔叶状（叶䗛）；体表无毛；前口式，口器咀嚼式；后胸与腹部第 1 节常愈合；跗节 3~5 节；翅有或无，前翅短。

不完全变态。大多数种类发现在热带或亚热带潮湿地区，多为树栖性或生活于灌木上，少数生活于地面或杂草丛中。喜夜间活动。全为植食性。具有拟态和保护色。

3 亚目。全世界已知约 2850 种，我国已知约 360 种。

9. 蜚蠊目 Blattaria

体长 2~100 mm，体宽扁，近圆形；头小，被宽大的盾状前胸背板盖住，休息时只露出头的前缘；触角长丝状；口器咀嚼式；无翅或有翅，有翅则前翅为覆翅，狭长，后翅膜质，臀区大；跗节 5 节，腹部 10 节，尾须 1 对多节。雄虫第 9 腹板有 1 对腹刺。

渐变态。卵产于卵鞘内。野外种类一般生活在石块、树皮、枯枝落叶、垃圾堆下。朽木和各种洞穴内，多白天活动。室内种类，出没于居室内，喜夜间活动。食性杂。

2 总科 6 科 22 亚科。全世界已知约 4570 种，我国已知约 420 种。

10. 螳螂目 Mantodea

体中至大型；头三角形，复眼突出；单眼 3 个；口器咀嚼式；前胸长，细颈状；前足捕捉足；前翅覆翅，后翅膜质；跗节 5 节；尾须 1 对。

渐变态。卵鞘常附着在树枝或其他物体上。肉食性，捕捉其他昆虫或小动物为食。

8 科。全世界已知约 2380 种，我国已知约 170 种。

11. 螳䗛目 Mantophasmatodea

体中小型；头近三角形，下口式，口器咀嚼式；1 对复眼大小不一；无单眼；触角丝状多节；跗节 5 节；尾须短 1 节。

生活在山顶草丛。夜间活动，捕食性。

2002 年 4 月建立，现已知 7 属 13 种，均分布于非洲坦桑尼亚。

12. 等翅目 Isoptera

体小至大型，多型性；头骨化，能活动；复眼无、痕迹状或发达，单眼无或1对；触角念珠状，多节；咀嚼式口器；跗节常4节，少数3节或5节；无翅、短翅或大翅，两对膜质翅大小、形状常相似；腹部10节，有尾须。

社会性昆虫，营巢穴居，有婚飞习性。取食木材或植物其他部分。

现已知9科283属。全世界已知2935种，我国已知472种。结合分子生物学研究，部分学者认为等翅目应并入蜚蠊目，作为等翅下目。

13. 革翅目 Dermaptera

又称蠼螋。体中小型，狭长略扁平；头前口式；触角丝状，10~50节；无单眼；口器咀嚼式；前胸背板发达，方形或长方形；有翅或无翅，有翅则前翅短小，革质，仅盖住胸部，后翅膜质，扇形或略成圆形，翅脉辐射状，休息时折放于前翅下；跗节3节；尾须铗状。

不完全变态。喜夜间活动，白昼多隐藏于土中、石头或堆物下、林下凋落物或杂草间，受惊动时，常反举腹部，张开两铗，以示威吓状；而遇劲敌则装死不动。雌虫有护卵育幼的习性。杂食性。

3亚目11科。全世界已知约1970种，我国已知约229种。

14. 蛩蠊目 Grylloblattodea

体小型，1~3 cm；无翅；口器咀嚼式，前口式；复眼退化或缺；无单眼；触角丝状，细长；跗节5节，第1~4节腹面端部两侧具1对膜质垫，第5跗节腹部具1垫；尾丝长，8~9节；雌虫产卵器发达，刀剑状。

生活于1200 m以上的高山高寒地带。喜隐蔽生活，多夜出性，活动于土壤中、石块下、枯枝落叶下，苔藓中或洞穴内。完成一个世代至少需7~8年。

1科5属29种。我国已知2种。1986年，在长白山2000 m山地首次发现此目昆虫，并被命为中华蛩蠊 *Calloision siensis*；2009年，在新疆又发现西蛩镰属1新种陈氏西蛩镰 *Grylloblattella cheni*，均为我国一级保护动物。

15. 缺翅目 Zoraptera

又称缺翅虫。体扁平，小型，很少超过2~4 mm，有翅型翅展7 mm；头大，触角念珠状；口器咀嚼式；常无翅，若有翅则翅狭长，翅脉简单；跗节2节；腹部10节；尾须不分节。

渐变态。主要分布于南北回归线之间的热带雨林和季雨林中，在树皮、砍伐或风折木的木材、木屑堆、腐殖土中可采到，有时也在白蚁蛀道内发现。取食真菌孢子和小节肢动物，群居，无社会性。

1科1属。全世界已知34种，我国已知2种。

16. 啮虫目 Psocoptera

体长 1~10 mm，多数不超过 6 mm；头部有“Y”字形头壳缝；咀嚼式口器，后唇基特别发达；复眼左右远离；单眼 3 个或退化；触角丝状，12~50 节；无翅或有翅；有翅者，翅膜质，脉序简单，前翅大，常有翅痣；跗节 2~3 节；无尾须。

分布广泛，均陆栖。林间、石缝、墙根、室内均有。取食植物、有机物碎屑、菌丝、谷物等。

3 亚目 37 科。全世界已知约 4660 种，我国已知 1505 种。

17. 虱目 Phthiraptera

体长 0.5~10 mm，背腹扁平；无翅；头前口式或下口式，口器咀嚼式或刺吸式；复眼退化或无，无单眼；触角短，3~5 节，丝状或端部膨大；胸部分节明显，或中后胸愈合，或前中后胸均愈合；跗节 1 或 1 节，爪 1~2 个；腹部 7~10 节。

外寄生于哺乳动物、鸟类或人体。取食毛屑或血液。

食毛目 Mallophaga（咀嚼式口器）与虱目 Anoplura（刺吸式口器）现已合并为虱目 Phthiraptera。

4 亚目。全世界已知约 5000 多种。我国已知 1035 种。

18. 缨翅目 Thysanoptera

体长 0.4~14 mm，细长而扁或圆筒形；触角 6~9 节，鞭状或念珠状；复眼多为圆形，有翅种类单眼 2 或 3 个，无翅种类无单眼；口器锉吸式，上颚口针不对称；翅狭长，翅脉少或无，边缘有缨毛。

过渐变态。可两性生殖也可孤雌生殖，但多孤雌生殖，雄性由未受精卵发育而来；大多数植食性，产卵于植物组织内或叶片表面或缝隙；少数肉食性，捕食小昆虫的卵及幼虫。

全世界已知 5892 种，中国 580 多种。缨翅目分类不同学者持不同见解，本书采用（Mound *et al.*，1980）2 亚目 9 科的分类系统。

19. 半翅目 Hemiptera

包括常见的蝽、蝉、沫蝉、叶蝉、角蝉、蜡蝉、蚜虫、粉虱、木虱、介壳虫等。体型多样，体长 1.5~110 mm；头后口式；口器刺吸式，喙 1~4 节，多为 3 节或 4 节；前胸背板大，中胸小盾片发达外露；前翅半鞘翅或质地均一呈膜质或革质，休息时呈屋脊状放置，有些蚜虫和雌性介壳虫无翅，雄性介壳虫后翅特化为平衡棒；跗节 1~3 节。

不完全变态，陆生、水生、水陆两栖；多为植食性，危害观赏植物，刺吸茎、叶、花或果实的汁液；部分捕食；少数吸食血液，传播疾病；有些可分泌蜡、胶或形成虫瘿，是重要的资源昆虫。聚产或散产卵于植物组织内、土内、水中及各种物体表面。

全世界已知 80 000 多种，中国 5000 多种。本书采用 5 亚目的分类系统(袁锋等，2006)。

20. 鞘翅目 Coleptera

复眼发达，大多种类无单眼，少数种类具 1 个中单眼，或具 2 个背单眼，位于头顶两侧靠近复眼；触角形状多变化；口器咀嚼式；前翅鞘翅，后翅膜质，休息时平置于胸腹部背面，盖住后翅；跗节 3~5 节；腹部可见腹板 5~8 节；雌虫无产卵器，雄性外生殖器有时部分外露。幼虫体狭长，头部高度骨化；单眼 0~6 对，触角痕迹状或略长；口器咀嚼式；3 对胸足发达或退化；腹部 8~10 节，常无腹足或仅具辅助运动的突出物，绝无臀足。

完全变态，少数复变态(芫菁)。多数为植食性，少数肉食性、腐食性。大多陆栖，部分水栖。两性卵生，孤雌生殖等少见，卵散产或聚产。幼虫常 3~7 龄。

动物界最大的目，占昆虫纲 40%以上。分 4 亚目，全世界已知约 36 万种，中国 1 万多种。

21. 广翅目 Megaloptera

体大型；口器咀嚼式；触角长；前胸大而宽；前、后翅质地和脉相近似，无翅痣，后翅基部略宽于前翅，横脉极多；无尾须。幼虫水生；口器咀嚼式；腹部两侧有 7 或 8 对鳃。

水生，捕食性。

2 科。全世界已知 340 余种，我国已知 120 多种。

22. 蛇蛉目 Raphidioptera

体小至中型；头大而长，后部缩小呈颈状；前口式；口器咀嚼式；复眼发达；触角线状多节；前胸延长成颈状；膜翅，翅脉网状，有翅痣；雌虫有细长如针的产卵器。

生活在林区，捕食性。

现已知 2 科。全世界已知约 220 种，我国已知 21 种。

23. 脉翅目 Neuroptera

口器咀嚼式；触角长，线状；复眼发达；两对翅膜质，翅脉呈网状，翅脉在翅缘二分叉。幼虫蛃型，头部具长镰刀状上颚，口器捕吸式。

完全变态。成虫多数具趋光性。多数种类陆生，水蛉科和翼蛉科幼虫水生或半水生。许多种类(如草蛉等)是多种农林作物害虫的重要捕食性天敌。

全世界已知 5700 多种，中国 790 余种。

24. 毛翅目 Trichoptera

体小型至中型；口器咀嚼式；复眼发达；触角丝状多节；翅狭长，翅面被毛，脉序近似假想脉序；幼虫能以丝或胶质分泌物将小枝、细砂等筑成可以移动的巢或固定的居室。

幼虫水生，用于水质监测；成虫陆生，有趋光性。

3 亚目 45 科。全世界已知约 1 万种，我国已知 850 种。

25. 鳞翅目 Lepidoptera

体小至大型；口器虹吸式或退化，极少数种类为咀嚼式；体躯和翅密被鳞片。幼虫蠋型；咀嚼式口器；腹足一般 5 对，腹足有趾钩。触角的特征是区分蛾类和蝶类的重要特征；雄性外生殖器是种级阶元分类的重要特征。

全变态。几乎全为植食性，极少数捕食性；一年一代、多代，或多年一代；成虫口器退化不再取食，个别种类进行补充营养；卵散产或聚产于寄主表面或隐蔽物下，幼虫多为 5 龄，被蛹且常有保护物；成虫白天或夜间活动，食花蜜，部分种类有迁飞习性。

全世界已知近 16 万种。本书采用 4 亚目 6 次目的分类系统。

26. 长翅目 Mecoptera

体中型；头向腹面延伸成宽喙；下口式；口器咀嚼式；复眼发达；触角丝状多节；膜翅，有翅痣；雄虫外生殖器膨大呈球状，末端数节向背方举起如蝎子的尾。

生活在树林茂密略潮湿的环境，杂食性。

2 亚目。全世界已知约 680 种，我国已知 220 种。

27. 蚤目 Siphonaptera

体小型，侧扁，多鬃毛；无翅；口器刺吸式；复眼明显或退化，单眼无；后足发达，善跳跃；跗节 5 节。

寄生于哺乳动物或鸟类体表，叮咬吸食血液，传播疾病。

5 总科 16 科。全世界已知约 2050 种，我国已知 700(亚)种。

28. 双翅目 Diptera

包含蝇、虻、蚋、蠓、蚊类昆虫。成虫仅有 1 对发达的膜质前翅，后翅特化为平衡棒(棒翅)；口器刺吸式、刮吸式或舐吸式；跗 5 节。幼虫无足型或蛆型。

完全变态。大多数两性生殖，仅少数孤雌生殖、幼体生殖、卵胎生。幼虫为“蛆式”；幼虫期蚊类 4 龄，虻类 5~8 龄，蝇类 3 龄。

双翅目昆虫喜潮湿环境，部分陆生、部分水生。幼虫食性复杂，植食、捕食、寄生、腐食和吸食血液。是重要的农林害虫和卫生害虫。

3 亚目 23 总科 88 科。全世界已知 15 万余种，我国已记载 15 600 余种。

29. 捻翅目 Strepsiptera

体微小，雌雄异型；雄虫自由生活，前翅为棒翅，后翅膜质。雌虫无翅、无足，呈蛆状，终生不离寄主；头胸部愈合，呈坚硬扁平的片状。

寄生性，寄主膜翅目、半翅目、直翅目、双翅目等。

2 亚目 9 科。全世界已知约 600 种，我国已知 27 种。

30. 膜翅目 Hymenoptera

体微小型至大型；翅 2 对，膜质；口器咀嚼式或嚼吸式；以翅钩列连锁；多数具并胸腹节；雌性有发达的产卵器。幼虫主要可分为原足型、蠋型和无足型。

完全变态，少数复变态。植食性食叶、蛀茎；肉食性捕食与寄生；有独栖与群栖之分；有两性、孤雌与多胚生殖三类；部分有社会性生活与分工习性，多型现象常见。以卵、幼虫、蛹或成虫越冬。

2 亚目 23 总科 115 科。全世界已知 14.5 万余种，我国已知近 12 500 种。

五、实验报告

根据所提供的实验标本，编制六足总纲分目检索表。

实验十一　直翅目和缨翅目主要科的识别

一、目的

认识直翅目和缨翅目的常见科，并掌握其重要鉴别特征。

二、材料

螽斯科、驼螽科、蟋蟀科、树蟋科、蝼蛄科、锥头蝗科、斑腿蝗科、斑翅蝗科、蝗科、菱蝗科、蚤蝼科、蜢科；管蓟马科、纹蓟马科、蓟马科。

三、用具

双筒体视显微镜、放大镜、镊子、解剖针和泡沫块等。

四、内容

Ⅰ. 直翅目

(一) 分亚目特征

螽斯亚目或剑尾亚目 Ensifera：触角线状，超过 30 节；听器在前足胫节上或退化为听器痕迹，跗节 4 节或 3 节；产卵器刀、剑、长矛状。

蝗亚目或锥尾亚目(Caelifera)：触角短，30 节以下；听器位于腹部第一节；跗节 3 节或更少；产卵器短呈凿状。

(二) 常见科的主要识别特征

1. 螽斯科 Tettigoniidae

触角线状，超过 30 节，长于体长；前足胫节具听器；三对足的胫节背面具端距；跗节式 4-4-4；尾须短；雌虫产卵器刀片状或剑状；雄虫前翅摩擦发音器发达，有音锉和镜膜。

2. 驼螽科 Rhaphidophoridae

触角线状，超过 30 节，长于体长；无翅；前足胫节无听器，后足很长；雌虫产卵器侧扁，长而非针状；跗 4 节且侧扁，无中垫。

3. 蟋蟀科 Gryllidae

触角线状，超过 30 节，长于体长；后足胫节背面两侧缘有较粗短和光滑的距；跗节式 3-3-3；后足第 1 跗节背面具刺；雌虫产卵器呈剑状；雄虫前翅有摩擦发音器，由音锉、刮器和镜膜组成。

4. 树蟋科 Oecanthidae

触角线状，超过30节，长于体长。体细长，淡黄色或绿色；头长而平伸，前口式；无单眼；后足胫节背面有2列细刺及4个大刺；跗3节，但后跗节表面再分似4节。

5. 蝼蛄科 Gryllotalpidae

触角线状，超过30节，短于体长；体中至大型；前足为开掘足；前足胫节宽且有4齿，跗节基部有2齿；前足胫节听器退化；跗3节；腹末有一对尾须；雌虫产卵器不外露。

6. 锥头蝗科 Pyrgomorphidae

触角剑状；头部圆锥状，颜面极倾斜，与头顶呈锐角；头顶前端中央具细纵沟；跗3节。

7. 斑腿蝗科 Catantopidae

触角丝状；头顶中央前端缺细纵沟；前胸腹板有圆锥形、柱形、三角形或横片状的前胸腹部突；跗节3节。

8. 斑翅蝗科 Oedipodidae

触角丝状；头顶中央前端缺细纵沟；无前胸腹板突；前翅具中闰脉；跗节3节。

9. 剑角蝗科 Acrididae

触角剑状；头部圆锥形或球形，颜面倾斜，与头顶呈锐角；头顶中央前端缺细纵沟；跗3节。

10. 瘤锥蝗科 Chrotogonidae

触角丝状；头顶与颜面呈锐角，或与颜面近垂直，与头顶呈直角或钝角形，头顶前端中央具细纵沟；前胸背板平坦或具瘤状突起；前胸腹板有瘤状突或在前缘呈领状；前后翅发达或呈鳞片状或缺失。

11. 网翅蝗科 Arcypteridae

触角丝状；前胸无腹板突；前翅无闰脉，若有很弱的中闰脉，则不具发音齿。发音齿多着生于后足腿节内侧的下隆线上。

12. 菱蝗科（蚱科）Tetrigidae

触角丝状；体小型；颜面垂直或倾斜；前胸背板发达，多向后延伸盖住腹部全部或大部分；跗节2-2-3。

13. 蚤蝼科 Tridactylidae

体小型，几乎不超过1 cm；头圆，复眼发达；口器前伸似前口式；触角12节；前胸背板后缘凸圆，很少向后延长；常有翅，前翅明显短于后翅。前足胫节扩大适于开掘，后足腿节膨大，适于跳跃，胫节端有 2 个能活动的长片，助跳跃；跗节 2-2-1，或后足跗节退化；雄虫有前后翅摩擦的发音器。

14. 蜢科 Eumastacidae

中或小型，体细，近圆筒形状；触角丝状，11～14 节；翅发达也有退化或无；腹部第 1 节缺鼓膜听器；跗节 3 节；后足胫节有 4 个发达的端距，第 1 跗节有几个瘤突或 1～2 个小的亚端刺。

Ⅱ. 缨 翅 目

（一）分亚目特征

1. 管尾亚目 Tubulifera

前翅无翅脉或仅有一简单缩短的中脉；翅面无微毛；腹末端管状；雌虫无外露产卵器，产卵于缝隙中。

2. 锯（锥）尾亚目 Terebrantia

前翅有 1～2 条不明显的纵脉；翅脉上有刚毛，翅面有微毛；雌虫腹末节圆锥形，有发达的产卵器，产卵于植物组织内。

（二）常见科的主要识别特征

1. 管蓟马科 Phlaeothripidae

触角 7～8 节，有锥状感觉器，第 3 节最大。

2. 纹蓟马科 Aeolothripidae

触角 9 节，第 3、4 节上有长形感觉器；产卵器锯状，末端向上弯曲。

3. 蓟马科 Thripidae

触角 6～9 节，第 3、4 节上的感觉器细叉状或具简单的感觉锥；雌虫腹末圆锥形，产卵器末端向下弯曲。

五、实验报告

根据所提供的实验标本，编制直翅目和缨翅目的分科检索表。

实验十二 半翅目主要科的识别

一、目的

认识半翅目的常见科，并掌握其重要鉴别特征。

二、材料

木虱科、根瘤蚜科、瘿绵蚜科、蚜科、粉虱科、绵蚧科、粉蚧科、盾蚧科、蚧科、蝉科、叶蝉科、沫蝉科、蜡蝉科、飞虱科、黾蝽科、蝎蝽科、负子蝽科、猎蝽科、盲蝽科、网蝽科、姬蝽科、臭虫科、花蝽科、长蝽科、红蝽科、缘蝽科、异蝽科、同蝽科、龟蝽科、盾蝽科、兜蝽科、荔蝽科、蝽科。

三、用具

双筒体视显微镜、放大镜、镊子、解剖针和泡沫块等。

四、内容

(一)分亚目特征

胸喙亚目 Sternorrhyncha：触角丝状；喙从前足基节之间或更后伸出；前翅质地均一；前胸背板小；跗节 1~2 节；有些固定在寄主植物上，如介壳虫。

蝉亚目 Cicadorrhyncha：亦称盾喙亚目 Clypeorrhyncha。前翅质地均一，膜质或革质；喙着生点在前足基节以前；触角刚毛状，着生在复眼下方；前翅基部无肩板。

蜡蝉亚目 Fulgororrhuncha：亦称原喙亚目 Archaeorrhyncha。前翅质地均一，膜质或革质；喙着生点在前足基节以前；触角刚毛状，着生在复眼之间；前翅基部有肩板。

异翅亚目 Heteroptera：前翅质地不均一，呈半鞘翅。

(二)常见科的主要识别特征

1. 木虱科 Psyllidae

体小型；触角 10 节；复眼发达，单眼 3 个；两性均有翅，前翅皮革质或膜质，且 R、M 和 Cu_1 脉基部愈合，形成主干，到近中部分开成 3 支，到近翅端每支再分为 2 支；后翅膜质，翅脉简单；跗节 2 节；后足基节有疣状突起，胫节端部有刺。

2. 根瘤蚜科 Phylloxeridae

触角 3 节；有翅蚜前翅 3 斜脉；有翅蚜有 2 个纵长感觉孔；无翅蚜及若蚜复眼仅 3 个小眼面且触角只有 1 个感觉孔；头部与胸部之和大于腹部；无腹管；危害根部。

3. 瘿绵蚜科 Pemphigidae

触角 5~6 节，触角上感觉孔横带状；单眼 2 个；有翅蚜前翅 4 斜脉；无翅蚜及若蚜复眼仅 3 个小眼面；腹管不明显，退化呈小孔状、短圆锥状或无。

4. 蚜科 Aphididae

触角 3~6 节，触角最末两节有圆形感觉孔；单眼 2 个；前翅中脉分叉 1~2 次；腹管明显长管状。

5. 粉虱科 Aleyrodidae

体小型；两性均有翅，表面被白色蜡粉；复眼的小眼分为上、下两群，分离或连在一起；单眼 2 个；触角 7 节；喙 3 节，自前足基节间生出。前翅脉序简单，R、M 和 Cu_1 合并在 1 条短的主干上，后翅只有 1 条纵脉。跗节 2 节，爪 1 对，有中垫；腹部第 9 节背板有一凹入，称皿状孔。

6. 绵蚧科 Margarodidae

雌成虫体型大，胸腹分节明显；触角节数多达 11 节；腹气门 2~8 对；腹末肛环退化，其上无小孔和肛环刺毛。雄虫有复眼。

7. 粉蚧科 Pseudococcidae

雌成虫体型卵圆形；触角 5~9 节；腹部无气门；肛环上有环孔和肛环毛，肛环毛通常 6 根。

8. 盾蚧科 Diaspididae

雌成虫圆形或长形；足退化或消失；腹部无气门，最后几节愈合为臀板，肛门位于背面，无肛板、肛环和肛环刺毛；雄虫无复眼。

9. 蚧科 Coccidae

雌虫分节不明显，腹部无气门；足和触角退化；腹末有深臀裂，肛门上有 2 个三角形肛板，盖于肛门之上。

10. 蝉科 Cicadidae

体中型至大型；触角刚毛状；单眼 3 个，呈三角形排列；翅膜质透明，脉较粗；前足腿节膨大，跗节 3 节；雄虫具发音器，雌虫具发达的产卵器。

11. 叶蝉科 Cicadellidae

头部颊宽大；单眼 2 个；触角刚毛状；跗节 3 节；前翅革质，后翅膜质，翅脉不同程度退化；后足胫节有棱脊，棱脊上生 3~4 列刺状毛。

12. 沫蝉科 Cercopidae

触角刚毛状；单眼 2 个；跗节 3 节；后足胫节有 1~2 个侧齿，末端膨大，有 1~2 列显著的冠刺；若虫能分泌泡沫。

13. 蜡蝉科 Fulgoridae

体中型至大型；中胸盾片三角形；肩板大；前后翅发达，前翅爪片明显，后翅臀区多横脉，脉序呈网状；跗节 3 节；后足胫节多刺；腹部通常大而宽扁。

14. 飞虱科 Delphacidae

体小型；触角锥状；跗节 3 节；后足胫节有 2 个大刺，端部有 1 个可活动的距。

15. 黾蝽科 Gerridae

半水生；头小；触角细长，4 节，第 1 节最长；喙 4 节；中后足长且接近，远离前足基节；跗节 2 节。生活在水面上。

16. 蝎蝽科 Nepidae

水生；触角比头短，隐藏在复眼下的槽内不外露；前足特化为捕捉足，胫节有沟能容纳镰状跗节，无爪；中后足细长，不适于游泳；跗节 1 节，有爪；腹末有 1 对长或短的呼吸管。

17. 负子蝽科 Belostomatidae

水生；体椭圆形扁平；触角比头短，隐藏在复眼下的槽内不外露；无单眼；前胸背板大，小盾片三角形；前足捕捉足，中后足游泳足；腹末呼吸管短而扁，缩入体内。

18. 猎蝽科 Reduviidae

头窄长，眼后部分缢缩如颈状；喙 3 节，坚硬弯曲；触角 4 节；有单眼；前翅无楔片，膜片有 2 个大翅室，室的两端各伸出一条纵脉分支。全捕食性。

19. 盲蝽科 Miridae

体小型；触角 4 节；喙 4 节；无单眼；前翅有楔片，膜片基部围成 2 个小翅室；多植食性、部分捕食性。

20. 网蝽科 Tingidae

体多扁平；头胸背面有网纹；触角 4 节，第 3 节最长，第 4 节纺锤形；无单眼；喙 4 节；前翅脉网状；前胸背板向前伸覆盖头部、后伸覆盖小盾片；跗节 2 节，无爪间突。植食性，群集于叶背或嫩枝危害，被害处常残留分泌物。

21. 姬蝽科 Nabidae

体小型至中型，被绒毛；头平伸，头背面有 2 或 3 对大型刚毛；触角 4 节，具梗前节，有时此节大，致使触角呈 5 节状；复眼大，单眼有或无；喙 4 节；前胸背板狭长，前翅膜片常有纵脉组成的 2 或 3 个小室，并有少数横脉；前足适于捕捉，跗节 3 节，无爪垫。捕食性。

22. 臭虫科 Cimicidae

体小型，扁平，卵圆形，红褐色；外观几乎无翅；头平伸，唇基末端加宽，平截状；触角 4 节，第 2 节长于或等于第 3 节；无单眼；喙 3 节，置于腹面的沟内；头部嵌入胸部前缘的凹陷中。前翅极退化呈短小的三角片状，向后最多伸达腹部第 2 节；跗节 3 节。吸食温血动物血液。

23. 花蝽科 Anthocoridae

体小型，长椭圆形；触角 4 节；喙 4 节，第 1 节极短小，似 3 节；前翅具楔片和缘片，膜片基部沿基缘有 1 横脉，末端成桩状短脉；跗节 3 节。绝大多数捕食性。

24. 长蝽科 Lygaeidae

体椭圆或长椭圆形；头短；触角 4 节；有单眼；喙 4 节；前翅无楔片，膜片上有 4~5 条纵脉；跗节 3 节。多植食性，少数捕食性。

25. 红蝽科 Pyrrhocoridae

体长椭圆形；触角 4 节；无单眼；喙 4 节；前翅无楔片，膜片纵脉多于 5 条，基部有 2~3 个翅室；跗节 3 节。植食性。

26. 缘蝽科 Coreidae

体中型至大型；触角 4 节；有单眼；喙 4 节；小盾片短于前翅爪片，前翅无楔片，膜片上有许多平行脉，基部无翅室；后足腿节粗大，具瘤或刺状突起，胫节成叶状或齿状扩展；跗节 3 节。植食性。

27. 异蝽科 Urostylidae

体小至中型，椭圆形；触角 5 节，少数 4 节，第 1 节甚长；小盾片三角形不超过腹部中央，端部被爪片包围，但无爪片接合缝；前翅膜片具 6—8 条平行纵脉；跗节 3 节。植食性。

28. 同蝽科 Acanthosomatidae

体椭圆形；触角 5 节；单眼明显；前胸背板侧角常伸长呈尖刺状；中胸小盾片三角形，不长于前翅长度之半；跗节 2 节；中胸腹板有 1 显著的脊状隆起；腹部腹面基部中央有 1 刺状突，常前伸与中胸隆脊局部重叠。植食性。

29. 龟蝽科 Plataspidae

体圆形或卵圆形，背面隆起；触角 5 节；前胸背板中部前方有横缢；小盾片将腹部完全覆盖或腹部仅微露边缘；前翅大部分膜质，可折叠在小盾片下；足较短，跗节 2 节；第 6 腹板后缘中央向前凹成角状或弧形。植食性。

30. 盾蝽科 Scutelleridae

体背面强烈圆隆，腹面平坦，卵圆形；头多短宽；触角 4 节；中胸小盾片极度发达，遮盖整个腹部与绝大部分前翅；前翅只有最基部的外侧露出，革片骨化弱，膜片上具多条纵脉；跗节 3 节。植食性。

31. 兜蝽科 Dinidoridae

体椭圆形；触角多数 5 节，少数 4 节，着生在头的腹面，从背面看不到；前胸背板表面多皱纹或凹凸不平；中胸小盾片长不超过前翅长度之半，末端比较宽钝；跗节 2 或 3 节；前翅膜片上的脉序因多横脉而呈不规则的网状；第 2 腹节气门不被后胸侧板遮盖而露出。植食性。

32. 荔蝽科 Tessaratomidae

触角 4~5 节，第 3 节短小；触角着生在头的下方，由背不可见；喙短且不伸过前足基节；小盾片发达顶端多呈舌状，伸达前翅膜区基部；前翅膜片有多条纵脉；第 2 腹节气门多外露；跗节 2 或 3 节。植食性。

33. 蝽科 Pentatomidae

体多为椭圆形，背面一般较平；触角 5 节；单眼常为 2 个；前胸背板常为六角形；中胸小盾片发达，三角形，约为前翅长度之半，遮盖爪片端部；前翅为典型的半鞘翅，发达，长过体腹部，分为革片、爪片和膜片 3 部分。爪片末端尖，无爪片接合缝，膜区纵脉 5~12 条，多从同一基横脉上发出。

五、实验报告

根据所提供的实验标本，编制半翅目分科检索表。

实验十三　鞘翅目主要科的识别

一、目的

认识鞘翅目的常见科，并掌握其重要鉴别特征。

二、材料

虎甲科、步甲科、龙虱科、豉甲科、水龟甲科、埋葬甲科、隐翅甲科、金龟甲科、鳃金龟亚科、丽金龟亚科、花金龟亚科、粪金龟科、锹甲科、犀金龟科、吉丁甲科、叩头甲科、萤科、花萤科、皮蠹科、谷盗科、锯谷盗科、瓢甲科、拟步甲科、芫菁科、天牛科、豆象科、叶甲科、象甲科、三锥象科、小蠹科。

三、用具

双筒体视显微镜、放大镜、镊子、解剖针和泡沫块等。

四、内容

(一) 分亚目特征

肉食亚目 Adelphaga：后足基节固定在后胸腹板上，不能活动；第 1 腹板中央完全被后足基节窝所分开；多数种类捕食性，仅少数植食性。

多食亚目 Polyphaga：后足基节不固定在后胸腹板上，能活动；第 1 腹板不被后足基节窝所分开；食性杂。

(二) 常见科的主要识别特征

1. 虎甲科 Cicindelidae

头宽于前胸；触角在两复眼之间，且触角间距小于唇基宽度；跗 5 节。

2. 步甲科 Carabidae

头狭于前胸；触角间的距离大于唇基的宽度；跗 5 节。

3. 龙虱科 Dytiscidae

水生；触角 11 节；后足游泳足；雄虫前足抱握足；跗 5 节。

4. 豉甲科 Gyrinidae

水生；体似豆豉；触角 11 节，线状，位于复眼前下方；复眼裂为上下两部分；跗 5 节。

5. 水龟甲科 Hydrophilidae

水生；体似龙虱；触角6~9节，棒状部分被密毛；中胸腹面有中脊突；跗节5节。

6. 埋葬甲科 Silphidae

体壁较软；触角10节，棍棒状；跗节5节；鞘翅端部截断状或圆形，常露出端部3个腹节。

7. 隐翅甲科 Staphylinidae

体细长；触角9~11节；跗5节；鞘翅极短，长约等于宽，大部分腹节外露。

8. 金龟甲科 Scarabaeidae

体卵圆形或长形，背凸；触角8~11节，鳃叶状，末端3或4节侧向膨大；跗节5节；前足胫节膨大，变扁，外侧具齿。

9. 鳃金龟亚科 Melolonthinae 或鳃金龟科 Melolonthidae

色泽多暗淡；后足跗节的1对爪大小相等，均2分叉；腹部仅1对气门露出鞘翅边缘。

10. 丽金龟亚科 Rutelinae 或丽金龟科 Rutelidae

多具金属光泽；后足跗节的1对爪大小不等，外边的爪较大、分叉，内面的短爪不分叉。

11. 花金龟亚科 Cetoniinae 或花金龟科 Cetoniidae

多具金属光泽，鞘翅外缘在肩后微凹。

12. 粪金龟科 Geotrupidae

体椭圆形至卵圆形；触角鳃叶状，11节，棒状部3节；头部铲形或多齿，口器从背面见不到；前足开掘足；前胸背板有各式突起；后足胫节端距2枚。粪食性。

13. 锹甲科 Lucanidae

雌雄二型现象十分显著；雄虫上颚特别发达，雌虫上颚较小。

14. 犀金龟科 Dynastidae

也称独角仙科。性二型明显，雄虫头面、前胸背板有强大的角突或其他突起或凹坑，雌虫则简单或可见低矮的突起。上唇藏于唇基之下，上颚外露，背面不可见。触角10节，鳃片部3节组成。前胸腹板垂突位于基节之间、柱形、三角形、舌形等。

15. 吉丁甲科 Buprestidae

有美丽金属光泽。头部较小，嵌入前胸；前胸与体的后面部分相接合，不能活动。

16. 叩头甲科 Elateridae

前胸背板后侧角尖锐；前胸与中胸腹板间有能活动的关节；成虫被捉时能不断叩头，企图逃跑，故名叩头虫。

17. 萤科 Lampyridae

体壁鞘翅柔软；前胸背板前伸，从背面盖住头部；腹部有发光器。

18. 花萤科 Cantharidae

体壁鞘翅柔软；头部不被前胸所遮盖；腹部无发光器；跗节 5 节，第 4 节膨大呈 2 叶状。

19. 皮蠹科 Dermestidae

体表具鳞片；额上常有 1 个中单眼；前足基节窝开式，腹部可见 5 个腹板。

20. 谷盗科 Trogossitidae

头前口式，部分缩入前胸；前胸背板侧缘有边或锯齿；鞘翅盖及腹末，被长毛；跗节 5 节，第 1 节极短；腹板 5~6 节。

21. 锯谷盗科 Silvanidae

前口式；前胸后端略窄，侧缘有边或锯齿；跗节 5 节，第 3 节下方呈叶状，第 4 节较第 1 节略短；可见腹板 5 节。

22. 瓢甲科 Coccinellidae

体呈半球形或椭圆形，腹面扁平，背面拱起；头小，后部隐藏于前胸背板之下；触角锤状；跗节隐 4 节(或拟 3 节)；多数肉食性，少数植食性。

23. 拟步甲科 Tenebrionidae

前足基节窝闭式；跗节 5-5-4，爪不分叉；前 3 可见腹节愈合。

24. 芫菁科 Meloidae

头下口式，宽于前胸，后头急缢如颈；鞘翅柔软，末端不切合；前足基节窝开式；跗 5-5-4，爪裂分 2 叉；可见腹板 6 节。

25. 天牛科 Cerambycidae

触角线状、常长于体长；复眼肾形；跗隐 5 节(拟 4 节)。植食性，幼虫危害树木的木质部，成虫食叶或嫩皮补充营养。

26. 豆象科 Bruchidae

头向前延伸，形成短的阔喙；复眼下缘具深的“V”字形缺刻；前胸背板近三角形；鞘翅短，末端截形，腹末臀板外露；第 1 腹板等于第 2~4 腹板 3 节之和。

27. 叶甲科 Chrysomelidae

体小型至中型，椭圆形；成虫色彩艳丽或具有金属光泽；触角丝状，一般短于体长之半。复眼圆形；跗节隐 5 节(拟 4 节)。

28. 象甲科 Curculionidae

额颊向前延伸呈喙状，口器位于喙顶端；触角膝状，末端 3 节膨大呈棒状；前足基节窝闭式；可见腹板 5 节，第 1、2 腹板愈合。

29. 三锥象科 Brentidae

触角膝状，10 节，第 1 节不长，端部稍粗，末节很长，无明显棒状部；喙长直；鞘翅狭长，刻点行列明显。

30. 小蠹科 Scolytidae

体长 0.8~9mm，圆筒形；头半露于体外，窄于前胸；触角略呈膝状，端部 3、4 节呈锤状；前胸背板发达，有时背面盖住头部；鞘翅多短宽，具刻点；足短粗，胫节发达。

五、实验报告

根据所提供的实验标本，编制鞘翅目分科检索表。

实验十四　鳞翅目主要科的识别

一、目的

认识鳞翅目成虫的常见科，并掌握其重要鉴别特征。

二、材料

蝙蝠蛾科、谷蛾科、蓑蛾科、细蛾科、巢蛾科、菜蛾科、麦蛾科、木蠹蛾科、卷蛾科、透翅蛾科、斑蛾科、刺蛾科、蛀果蛾科、羽蛾科、螟蛾科、尺蛾科、枯叶蛾科、蚕蛾科、天蚕蛾科、天蛾科、舟蛾科、毒蛾科、灯蛾科、苔蛾亚科、鹿蛾科、夜蛾科、弄蝶科、凤蝶科、粉蝶科、眼蝶科、灰蝶科、蛱蝶科。

三、用具

双筒体视显微镜、放大镜、镊子、解剖针和泡沫块等。

四、内容

(一)分亚目特征

有喙亚目 Glossata：上颚退化或消失，口器非咀嚼式，下颚内颚叶退化，外颚叶愈合成喙管，形成虹吸式口器。

轭翅亚目 Zeugloptera：成虫单眼明显，有毛隆，上颚发达，口器咀嚼式；下颚外叶短，不形成喙。前后翅脉相似，前翅有翅扣。

无喙亚目 Aglossata：成虫无单眼，无毛隆。具上颚，下颚内颚叶发达，外颚叶短，不成喙状。

异蛾亚目 Heterobathmiina：成虫有单眼，有毛隆；口器咀嚼式；Sc 脉与 R 脉间横脉消失，具翅轭。

(二)常见科的主要识别特征

1. 蝙蝠蛾科 Hepialidae

喙退化；胫节完全无距；M 主干在中室内分叉。幼虫腹足趾钩呈多行缺环。

2. 谷蛾科 Tineidae

体小，触角柄节常有栉毛；后足胫节被长毛；翅脉分离，后翅窄。

3. 蓑蛾科 Psychidae

雌雄异型；雄具翅，触角双栉状；雌蛾无翅，触角、口器和足退化，生活于幼虫所缀的巢内；幼虫胸足发达，吐丝缀叶造袋囊隐居其中，取食时头胸伸出袋外。常见的有大袋蛾、小袋蛾等。

4. 细蛾科 Gracillariidae

体小型，翅极窄，具长缨毛，前翅色彩常鲜艳，常有指向外的“V”字形横带；休息时身体前部由前、中足支起，翅端接触物体表面，形成坐势。

5. 巢蛾科 Yponomeutidae

体小型，无单眼；前翅主脉各支分离，R_5 止于外缘；后翅 Rs 和 M_1 分离，M_1 和 M_2 不共柄。幼虫吐丝做巢，群居危害。

6. 菜蛾科 Plutellidae

单眼存在；后翅 M_1 和 M_2 共柄。

7. 麦蛾科 Gelechiidae

前翅狭长，端部变尖；R_4 和 R_5 在基部共柄；后翅 Rs 和 M_1 共柄或在基部靠近，后翅后缘通常内凹，外缘略尖并向后弯曲。

8. 木蠹蛾科 Cossidae

体中型至大型，肥大；喙消失；M 脉主干在中室内分叉。幼虫粗壮，多为红色或黄白色，上颚强大，趾钩双序或三序，环式。多蛀食树木，是果树和行道树的重要害虫。

9. 卷蛾科 Tortricidae

体小型；前翅呈近长方形，外缘平直，顶角常突出，休息时呈屋脊状覆于虫体上；前翅 Cu_{1b} 从中室末端 1/4 之前分出，后翅 M_1 不与 Rs 共柄。幼虫时期卷叶、潜叶、蛀食、造瘿危害。

10. 透翅蛾科 Sesiidae

体中型；有单眼；翅极狭长，有缺鳞片的膜质透明区；腹末有一特殊的扇状鳞簇；外形似蜂类，白天活动。幼虫钻蛀树木和灌木的主干、树皮、枝条、根部，或草本植物的茎和根。

11. 斑蛾科 Zygaenidae

多白天活动，有警戒色；有单眼；喙发达；翅阔，前翅中室长，中室内有 M 主干，Cu_2 发达；后翅 $Sc+R_1$ 与 Rs 愈合至中室末端之前或有 1 横脉与之相连。幼虫体短，纺锤形，毛瘤上被稀疏长刚毛，腹足完全。

12. 刺蛾科 Limacodidae

体中型，粗壮多毛；缺单眼；喙退化；翅短宽圆且密被厚鳞片；中脉主干在中室内存在，常分叉；后翅 $Sc+R_1$ 与 Rs 从基部分开，或沿中室基半部短距离愈合。幼虫蛞蝓型；腹足吸盘状，体被毒枝刺或毛簇。化蛹在卵圆形石灰质的茧内。

13. 蛀果蛾科 Carposinidae

触角柄节无栉毛；前翅较宽，正面有直立鳞片簇；后翅中等宽，M_2（通常还有 M_1）消失，Cu_1 有一基栉。幼虫蛀食果实、花芽和嫩枝，老熟幼虫在土中结圆茧。

14. 羽蛾科 Pterophoridae

体小型，细弱；翅常裂成羽状，前翅纵裂成 2 片，后翅纵裂为 2 片。

15. 螟蛾科 Pyralidae

体小型至中型；后翅 $Sc+R_1$ 与 Rs 在中室外极其接近或短距离愈合；Cu_2 在前翅退化或消失，在后翅存在；中室内无 M 主干。幼虫趾钩常 2 或 3 序，成缺环。

16. 尺蛾科 Geometridae

体细，翅阔；成虫腹部第 1 节腹面有鼓膜听器；后翅 $Sc+R_1$ 在近基部与 Rs 靠近或愈合，造成 1 小基室。幼虫仅第 6 和第 10 腹节具腹足，行动时身体一屈一伸，称为“尺蠖”。

17. 枯叶蛾科 Lasiocampidae

体中型至大型，粗壮；体、足和复眼多毛；无单眼；喙退化；无翅缰，后翅肩角扩大，并有 2 或多条肩脉从 Sc 和 R_1 基部之间的亚缘室伸出。幼虫多长毛。

18. 蚕蛾科 Bombycidae

体中型；翅阔；前翅顶角呈钩状；无单眼；无喙；前翅 R 脉 5 条基部共柄；后翅 $Sc+R_1$ 与中室间由 1 横脉相连。幼虫尾角形，第 8 腹节有 1 大的尾角。

19. 天蚕蛾科 Saturniidae

极大型蛾类；翅中央有显著的透明眼状斑；后翅 $Sc+R_1$ 从中室基部分歧，M_2 从中室中央或之前分出；翅缰消失；胫节无距。幼虫具显著瘤突或枝刺。

20. 天蛾科 Sphingidae

体中型至大型；纺锤形；触角末端弯曲成钩状；喙发达；前翅狭，外缘斜直；后翅 $Sc+R_1$ 与中室间由 1 横脉相连，并在中室外接近 Rs；幼虫肥大，第 8 腹节背面有 1 向后上方斜伸的尾角。

21. 舟蛾科 Notodontidae

又名天社蛾。体中型至大型；喙发达；无单眼；前翅 M_2 从中室端部中央伸出，肘脉似 3 叉式，后缘亚基部常有鳞簇；后翅 $Sc+R_1$ 与 Rs 靠近但不接触，或由一短横脉相连；后胸鼓膜向下伸，反鼓膜巾位于第 1 腹节气门后。幼虫受惊后头尾翘起似舟形；有群居性。

22. 毒蛾科 Lymantriidae

体中型蛾类；无单眼；喙退化；胸腹被长鳞毛；腹部反鼓膜巾位于气门前；后翅基室较大，达翅中室中央，M_1 与 Rs 在中室外有短距离共柄。幼虫被浓密长毛，成毛丛或毛刷，第 6 和 7 腹节背面常有 2 毒腺。

23. 灯蛾科 Arctiidae

体中型，体色鲜艳；多有单眼；后翅 $Sc+R_1$ 与 Rs 自基部愈合至中室中部或以外才分开；反鼓膜巾在第 1 腹节气门前。幼虫体被辐射状毛丛，毛丛着生在毛瘤上，毛长短较整齐；有群集性。

24. 苔蛾亚科 Lithosiinae

体中型，似灯蛾；单眼无或仅存痕迹；后翅 Sc 基部变粗，与 Rs 有一段愈合。幼虫多取食地衣、苔藓、树叶等。

25. 鹿蛾科 Ctenuchidae

体小型至中型，日出性；外形似斑蛾或蜂类；喙发达；翅面常缺鳞片，形成透明窗状；后翅 $Sc+R_1$ 与 Rs 完全愈合；腹部常具斑点或带。

26. 夜蛾科 Noctuidae

体中型至大型；喙发达；有单眼；前翅 M_2 基部近 M_3 而远 M_1，肘脉似 4 叉式；后翅 $Sc+R_1$ 与 Rs 在基部呈点状接触，形成 1 小基室；反鼓膜巾在气门后。

27. 弄蝶科 Hesperiidae

体小型至中型，身体粗短，密布鳞毛；头比前胸宽；触角棒状，端部有钩。

28. 凤蝶科 Papilionidae

触角棒状；前翅三角形；后翅只有 1 条臀脉。幼虫前胸背中央有 1 个“Y”字形臭腺，受惊时翻出体外。

29. 粉蝶科 Pieridae

体中型，多为白、黄或橙色，带有黑色斑纹；前足正常，爪分两叉；前翅 R 脉 3 支或 4 支，极少 5 支，M_1 与 R_{4+5} 长距离愈合；后翅有两条臀脉。

30. 眼蝶科 Satyridae

体小型至中型，色暗；翅面常有眼状斑或环纹；前足退化，折叠在胸下不用于行走。

31. 灰蝶科 Lycaenidae

体小型；复眼四周有一圈白色鳞片环；触角有白色环纹；很多种类后翅具有尾突及眼点，停下时让尾朝上，看起来像头部；前翅 R 脉 3 或 4 分支；后翅 A 脉 2 条(2A 及 3A)。

32. 蛱蝶科 Nymphalidae

雌、雄蛱蝶前足均退化，无爪，折叠在前胸上，胫节端，被长毛；后翅 A 脉两条。

五、实验报告

根据所提供的实验标本，编制鳞翅目分科检索表。

实验十五　双翅目主要科的识别

一、目的

认识双翅目成虫的常见科，并掌握其重要鉴别特征。

二、材料

大蚊科、瘿蚊科、蚊科、毛蚊科、蠓科、蛾蠓科、蚋科、虻科、食虫虻科、蜂虻科、食蚜蝇科、突眼蝇科、潜蝇科、秆蝇科、实蝇科、果蝇科、丽蝇科、麻蝇科、寄蝇科、花蝇科、蝇科。

三、用具

双筒体视显微镜、放大镜、镊子、培养皿、泡沫块和解剖针。

四、内容

(一)分亚目特征

(1)长角亚目 Nematocera：触角 6 节以上，包括蚊、蠓、蚋。

(2)短角亚目 Brachycera：触角 5 节以下，一般 3 节，通称“虻”。

(3)环裂亚目 Cyclorrhapha：触角 3 节，具芒状；通称“蝇”。

(二)常见科的主要识别特征

1. 大蚊科 Tipulidae

体小型至大型；外形似蚊；中胸盾沟“V”字形；翅狭长，Sc 端部与 R_1 连接，Rs3 支，A 脉 2 条。

2. 瘿蚊科 Cecidomyiidae

体小型；触角念珠状，雄虫触角节上具环状毛；无单眼；翅脉仅 3~5 条纵脉，Rs 不分支，横脉不明显；足胫节无距。

3. 蚊科 Culicidae

体表与附肢具鳞片；口器刺吸式；6 条纵脉达到外缘；头后有细颈；跗节长；雌虫触角环毛状，雄虫羽状；有纵脉 6 条达外缘；幼虫称“孑孓”。雄成虫食花蜜等，雌成虫吸血。

4. 毛蚊科 Bibionidae

体粗壮多毛，两性异形；雄虫头部圆且复眼大而接近，雌虫头较长，复眼小而远离；单眼3个，同在一个瘤突上；胸部粗大背面隆凸；触角鞭节7~10节，常比头部短。

5. 蠓科 Ceratopogonidae

体小型至中型，不具鳞片；复眼发达，无单眼；雄虫触角鞭节长，各节具若干轮状排列的长毛，雌虫触角短，无轮毛；翅狭长，覆于背上时常不达腹端；足细长，前足明显长于中后足，并常举起摆动；有婚飞的习性，雄成虫在清晨或黄昏群飞，吸引雌虫。有强烈的趋光性，幼虫水生。

6. 蛾蠓科 Psychodidae

体微小型至小型，多毛或鳞毛；翅常成梭形，翅缘和脉上密生细毛，少数还有鳞片。幼虫腐食性或粪食性，生活在朽木烂草及土中，有些生活在下水道中。

7. 蚋科 Simuliidae

体小型似蝇，长约1.5~5 mm，深褐色或黑色，俗称“黑蝇”；中胸发达背面常隆起如驼背，又称“挖背”；翅宽而无毛，近前缘各脉显著，其余脉退化；有翅瓣；足短，有胫距，基跗节长，末节小。

8. 虻科 Tabanidae

体中大型；头半球形；雌离眼式，雄合眼式；复眼常色彩鲜艳或有彩虹；触角第3节延长，牛角状；爪垫和爪间突均垫状；前翅透明具斑纹，R_3室“V”字形。雄食花蜜或花粉，雌吸血；幼虫水生或半水生，腐食或捕食。

9. 食虫虻科 Asilidae

又称盗虻科；头大，头顶凹陷；有口鬃；胸部粗；足粗长，爪间突刺状；腹部细长，略呈锥状。幼虫栖息潮湿处，多捕食性、少数植食性。

10. 蜂虻科 Bombyliidae

体中型至大型；体粗壮，多毛，形似蜜蜂；喙细长；翅有斑纹；成虫见于花上，能空中停留。

11. 食蚜蝇科 Syrphidae

体小型至中型，似蜜蜂或胡蜂；R脉与M脉间有1条伪脉；幼虫蛆形，捕食蚜虫。

12. 突眼蝇科 Diopsidae

体小型至中型，复眼着生在长柄端；缺口鬃；足细长，前足腿节粗大，下方有刺。

13. 潜蝇科 Agroyzidae

体微小型，长1.5~4 mm，黑或黄色；具单眼；后顶鬃分歧；C脉在Sc端部有1折断。大部分种类以幼虫危害植物的叶或根茎，潜食造成隧道，致使叶片枯死。

14. 秆蝇科 Chloropidae

体微小型，暗色或黄、绿色，具斑纹；头稍突出，呈三角形，单眼三角区很大；触角芒着生在基部背面，光裸或羽状；C 脉仅在 Sc 末端折断，Sc 退化或短，末端不折转，M 分两支，第 2 基室与中室愈合，无臀室。

15. 实蝇科 Tephritidae

型小型至中型，色彩鲜艳，翅上一般有特殊的斑或带纹；C 脉在 Sc 末端外折断；Sc 脉在亚端部几乎呈直角折向前缘，然后消失。雌虫腹部第 7 节能伸缩。中足跗节有距。危害果实、蔬菜和菊科花头。

16. 果蝇科 Drosophilidae

体小型；触角芒羽状；C 脉在 h 和 R_1 脉处两次折断，Sc 退化，臀室小而完整。腹部短。

17. 丽蝇科 Calliphoridae

体中型至大型，常有蓝、绿金属光泽；触角芒全长羽状；背侧鬃 2 根。腐食。

18. 麻蝇科 Sarcophagidae

体中型至大型，似丽蝇，但黑色，无金属光泽；胸部背面有灰色纵条纹；触角芒裸或仅基半部羽状；背侧鬃 4 根。腐食。

19. 寄蝇科 Tachinidae

体小型至中型，多毛，有斑纹；触角芒光裸；中胸后小盾片显著；腹部有许多粗大的鬃毛。寄生性。

20. 花蝇科 Anthomyiidae

体小型至中型；下侧片无鬃列；Cu_2+2A 脉伸达翅的后缘，M_{1+2} 端部不向前急弯。幼虫腐食或植食性。

21. 蝇科 Muscidae

体小型至中型；下侧片鬃不成行；Cu_2+2A 不伸达翅缘，M_{1+2} 向前急弯。

五、实验报告

根据所提供的实验标本，编制双翅目分科检索表。

实验十六　膜翅目主要科的识别

一、目的

认识膜翅目成虫的常见科，并掌握其重要科的鉴别特征。

二、材料

叶蜂科、茎蜂科、姬蜂科、茧蜂科、小蜂科、金小蜂科、蚜小蜂科、赤眼蜂科、土蜂科、蛛蜂科、蚁科、胡蜂科、蜾蠃蜂科、泥蜂科、蜜蜂科。

三、用具

双筒体视显微镜、放大镜、镊子、培养皿、泡沫块和解剖针。

四、内容

(一)分亚目特征

广腰亚目 Symphyta：胸腹部衔接处宽阔，不收缩成细腰状；后翅至少 3 基室。。

细腰亚目 Apocrita：胸腹衔接处收缩成细腰状；后翅最多 2 基室。

(二)常见科的主要识别特征

1. 叶蜂科 Tenthredinidae

体粗壮；前胸背板后缘深凹，两端接触肩板；前足胫节有 2 个端距；产卵器锯齿状；触角 9~16 节，多丝状；幼虫具 6~8 对腹足。

2. 茎蜂科 Cephidae

体中小型，细长；触角线状或棒状；前足胫节有 1 个端距；前胸背板后缘平直。幼虫多蛀茎危害。

3. 姬蜂科 Ichneumonidae

触角丝状，13 节以上；前翅第 1 亚缘室与第 1 盘室合并，有第 2 回脉和小翅室；腹部长于头胸之和，产卵管长于体长。

4. 茧蜂科 Braconidae

体小型，较粗壮；腹部长度约等于头胸之和；只有 1 条回脉。

5. 小蜂科 Chalcididae

体微小型或小型，5 mm 左右；后足腿节膨大，其下缘常有 1 排齿，胫节弯曲；寄生性。

6. 金小蜂科 Pteromalidae

体微小型，3 mm 左右，常具蓝、绿色金属光泽；触角 13 节，具 2~3 个环状节；前胸短；后足胫节仅 1 个距。寄生性。

7. 蚜小蜂科 Aphelinidae

体微小型，无色金属光泽；触角 5~8 节；中胸三角片突向前方，明显超过翅基连线；前翅缘脉长，亚缘脉及痣脉短，后缘脉不发达；中足胫节端距长。寄生性。

8. 赤眼蜂科 Trichogrammatidae

体微小型，长 0.3~1 mm；头短，后缘微凹；复眼红色；前翅有缘毛，翅面上的微毛排列成行；跗节 3 节。寄生昆虫的卵。

9. 土蜂科 Scoliidae

体大型，多毛，黑色，腹有黄带；头比胸窄；前翅有 2~3 个亚缘室，后翅有臀叶；中后胸腹板连成板状，盖住后足基节；腹部第 1、2 节间缢缩；雄虫腹末有 3 个刺。寄生性。

10. 蛛蜂科 Pompilidae

体细长型；前胸背板相互延伸达肩板；中胸侧板被 1 条斜缝分成上、下两部分；足长，多刺，后足腿节超过腹末；翅脉不达外缘，前翅有 1 个缘室和 3 个亚缘室。捕食性，狩猎蜘蛛。

11. 蚁科 Formicidae

触角膝状；翅有或无；腹部第 1 节或第 1~2 节特化成结节状。社会性昆虫。

12. 胡蜂科 Vespidae

体大型，色泽鲜艳，体黄或红色，有黑或褐色斑和带；上颚短，完全闭合时呈横形，不交叉；中足胫节 2 端距，爪不分叉；翅休息时能纵褶。简单社会组织，捕食性。

13. 蜾蠃蜂科 Eumenidae

体大型，似胡蜂；上颚长，完全闭合时相互交叉；中足胫节 1 端距；爪分 2 叉。捕食性。

14. 泥蜂科 Sphecidae

触角丝状；前胸背板背面观后缘平直，侧面观两侧膨大，不伸达肩板；胫节和跗节具刺或栉；腹部具柄，有时很长呈细杆状，又称细腰蜂。捕食性，土中筑巢。

15. 蜜蜂科 Apidae

体多毛；前胸背板不向后伸达肩板；前足基跗节有净角器；后足携粉足；口器嚼吸式。社会性生活，食花粉与花蜜。

五、实验报告

根据所提供的实验标本，编制膜翅目分科检索表。

第五章　昆虫生态

实验十七　昆虫过冷却点的测定

一、目的

1. 掌握测定昆虫过冷却点的方法。
2. 了解不同昆虫或同种昆虫不同时期抗寒能力的差异。

二、材料

玉米螟、草地贪夜蛾、黏虫、黄粉虫等幼虫或不同龄期幼虫。

三、用具

昆虫过冷却点测定系统、冰柜、镊子、离心管、温度计、脱脂棉。

四、步骤

1. 测试虫准备

选取体型较大的测试虫体，将被测虫体放置在合适的离心管中，将过冷却点测定仪的探头伸入离心管中，将感温部位轻插到虫体与试管壁之间，保证虫体表面与探头充分接触，但不要刺破虫体。将一小团脱脂棉塞入管内固定探头和虫体，管外用脱脂棉包裹，以控制降温幅度。

2. 虫体体温测量

启动过冷却点测定系统，标注好测定信息及编号，开始测定虫体温度。电脑屏幕上以曲线形式表现虫体体温的变化情况，当曲线不再变化后读取体温值并记录。

3. 过冷却点的测定

测定完虫体温度后，将测试虫连同探头放入低温环境中，注意始终保持探头与虫体的紧密接触。观察昆虫体温的变化情况，当虫体体温先下降后又上升时，系统会自动读出上升点的体温数值，并记录为过冷却点。当虫体温度上升到一定值时，由于体液完全结冰不在释放热量，体温随之开始下降，此时系统将该点记为结冰点，此时测定结束。可从低温环境中取出虫体观察其结冰程度。

4. 重复测定

装入新的测试虫体，重复步骤 1~3 的操作。

5. 记录分析

完成全部测试虫体过冷却点的测定后，进行结果统计和分析，并记录在表 17-1 中。

表 17-1　昆虫过冷却点的测定表

编号	样本数	过冷却点	结冰点

注：表中数据为平均值±标准差。

五、实验报告

根据上述实验步骤，选取 5~10 头测试虫体，分别测定其过冷却点及结冰点，比较其差异，并分析抗寒能力。

实验十八　昆虫发育起点温度和有效积温的测定

一、目的

1. 掌握昆虫发育起点温度和有效积温的测定方法。
2. 明确环境温度对昆虫生长发育的影响。

二、材料

玉米螟、草地贪夜蛾、黏虫或黄粉虫等昆虫的卵任选一种。

三、用具

恒温光照培养箱、计算器、温度计、小烧杯或塑料杯、滤纸、镊子、剪刀、喷壶。

四、步骤

1. 卵的发育历期的测定

(1)调试恒温光照培养箱，分别设置5个不同温度(18 ℃、21 ℃、24 ℃、27 ℃、30 ℃)。在小烧杯底铺一层滤纸，保证滤纸紧贴杯底，并用喷壶喷潮滤纸。将带有虫卵的纸卡剪成小块或小条，保证每块或每条卵量为30~50粒，放入铺有潮湿滤纸的烧杯中。用纱布蒙在烧杯口并用橡皮筋扎紧，标记好分组和温度等信息，放入对应温度的恒温培养箱中。

(2)次日起每天观察记录2次，时间为12：00和21：00，每次检查孵化的幼虫数量，记录在表18-1中，并将已孵化的幼虫从烧杯中剔除，直到所有温度下的有效卵全部孵化。

表18-1　昆虫发育起点温度

日期	18 ℃		21 ℃		24 ℃		27 ℃		30 ℃	
	12：00	21：00	12：00	21：00	12：00	21：00	12：00	21：00	12：00	21：00

2. 运用直线回归法计算发育起点温度和有效积温

(1)整理不同温度下昆虫卵的发育历期，并计算平均发育历期、发育速率等数据，填于表 18-2。

表 18-2 昆虫卵发育历期

温度 T/℃	平均发育历期 N/d	发育速率 V	VT	V^2	T^2

(2)根据下面的公式计算变量 T 与 V 的相关系数 r，并进行显著性检验。其中 n 为所设置的温度组数(本实验 $n=5$)。

$$r=\frac{\sum TV-\frac{\sum T\sum V}{n}}{\sqrt{\left[\sum V^2-\frac{\left(\sum V\right)^2}{n}\right]\left[\sum T^2-\frac{\left(\sum V\right)^2}{n}\right]}}$$

(3)将计算出的 r 值同 0.05 显著水平且自由度为 $n-2=3$ 下的 r 值相比较(见附表 1)，如果计算的 r 值大于附表中对应的 r 值，则相关显著，实验方法正确可靠，可继续计算有效积温及发育起点温度；反之，则实验结果不可靠，所求有效积温及发育起点温度无意义，需要分析原因，重新进行实验。

(4)最小二乘法有效积温的计算方法如下。

$$K=\frac{n\sum VT-\sum V\sum T}{n\sum V^2-\left(\sum V\right)^2}\qquad C=\bar{T}-K\bar{V}$$

五、实验报告

根据实验结果，列出昆虫卵在不同温度下的发育历期，计算其发育起点温度和有效积温，讨论实验结果的可靠性及意义。

实验十九　土壤含水量对昆虫生长发育的影响

一、目的

1. 掌握室内控制土壤含水量的方法。
2. 了解土壤含水量作为生态因子对土壤昆虫的作用。

二、材料

黄粉虫幼虫、金针虫或蛴螬。

三、用具

土壤、瓷盘、电子秤、量筒、搅拌棒、大烧杯、保鲜膜。

四、步骤

1. 制备干土

剔除土壤中的石子，并将大块土壤碾碎后装入瓷盘中，放入 60~80 ℃的烘箱中烘烤至干燥。

2. 制备饱和湿土

称取 100 g 干土，加水至饱和，称量此时的湿土重量，得到 100 g 饱和时湿土重。

3. 制备不同相对含水量梯度放湿土

设置不同的土壤相对含水量梯度，本实验分别设置为 0、20%、40%、60%、80%和 100%。依据下列公式，计算不同土壤相对含水量需要加入的水量。

$$土壤绝对含水量(\%)=\frac{湿土重-干土重}{干土重}\times 100$$

$$土壤饱和含水量(\%)=\frac{饱和时湿土重-干土重}{干土重}\times 100$$

$$土壤相对含水量(\%)=\frac{土壤绝对含水量}{土壤饱和含水量}\times 100$$

称量 200~300 g 干土放入烧杯中，在烧杯壁上标注对应的土壤相对含水量和分组编号，使用量筒量取需要加入的水量，一边倒入烧杯，一边进行搅拌，保证土壤吸收水分均匀。

4. 放入土壤昆虫

搅拌均匀后，在每个烧杯里加入 10~20 只体型大小近似的黄粉虫幼虫，用保鲜膜盖住烧杯口，用橡皮筋扎紧；再用大头针在保鲜膜上扎 3~5 个小孔用于透气，同时减少水分蒸发。

5. 观察结果

经 48 h 或 72 h 后倒出土壤，观察其中黄粉虫幼虫的存活情况，并记录于表 19-1 中。

表 19-1　不同土壤含水量黄粉虫幼虫存活情况

项　目	土壤相对含水量					
	0	20	40	60	80	100
实验虫数						
存活数						
死亡数						
存活率/%						

五、实验报告

根据上述实验结果，以存活率为纵坐标，土壤相对含水量为横坐标，绘制折线图，分析不同土壤相对含水量对土壤昆虫生长发育的影响。

实验二十 昆虫种群空间格局的计算和应用

一、目的

1. 掌握昆虫种群空间格局的调查方法。
2. 了解利用频次法对种群空间分布进行拟合的方法。

二、材料

长有蚜虫或介壳虫的植物。

三、用具

计算机、记录本、计算器。

四、内容

1. 采集调查

在校园里选择有蚜虫或介壳虫的植物，随机取150~200片叶片，检查每片叶片上的蚜虫或是介壳虫数量，以叶片为样方单位进行记录。

2. 整理数据

调查结束后回到实验室，将调查数据整理到下方空间分布频次表中，并计算出平均数 $\bar{X}$ 、方差 S^2 和总频次数 N。

表 20-1 空间分布频次表

样方虫数 x	出现频次 f	fx	x^2	fx^2
0				
1				
2				
3				
⋮				
n				

3. 计算分析

根据上面的空间分布频次分布表里的数据、平均数 $\bar{X}$ 与方差 S^2，拟合出种群所对应的理论频次，并进行卡方检验，验证蚜虫或介壳虫种群是否符合随机分布。数据填入下方理论频次计算及 χ^2 检验表中。

注意：卡方检验时的自由度 df，泊松分布为 $n-2$，其他两种分布为 $n-3$，n 为样方种类数。如果出现理论频次少于5或2的样方类型，则该样方类型必须与以后的各样方类型进行合并，求出该样方的理论频次；如果合并后的理论频次仍少于5或2，则将其以后的类型均合并到前一样方类型中。样方类型种数 n 以合并后的样方种数为准。

卡方检验：$\chi^2 = \sum$ [（实测频次－理论频次）^{2}/理论频次]

表 20-2　各分布型理论频次卡方检验

样方虫数 x	实测频次 f 值	理论频次 f			卡方 χ^2		
		泊松	核心	嵌纹	泊松	核心	嵌纹
0							
1							
2							
3							
⋮							
n							
				自由度 df			
				概率			
				适合程度			

4. 分析种群空间分布格局

查卡方表（附表2），显著水平选 $P=0.05$。如果 χ^2 值大于对应自由度下的卡平方值，则说明实测频次与理论频次存在显著差异，测定种群不符合该种分布。反之，χ^2 值小于卡方表中查得的对应自由度下的卡方值，则说明差异不显著，该种群符合该理论分布。

五、实验报告

根据调查的数据，拟合出随机分布、负二项分布和核心分布的理论频次，并与实测值进行卡方检验，得出调查昆虫种群的空间分布格局。

实验二十一　种群生命表的组建与分析

一、目的

1. 掌握种群生命表组建的方法。
2. 掌握使用生命表数据分析种群的存活曲线的方法。

二、材料

叶螨或蚜虫、月季叶片。

三、用具

1 cm 直径打孔器、琼脂粉、培养皿、三角瓶、小毛笔、光照恒温培养箱、微波炉。

四、内容

1. 制作保湿层

称取适量的琼脂粉倒入三角瓶中，加入水，放入微波炉中加热至沸腾，保证琼脂粉充分溶解后倒入培养皿中，琼脂厚度约为 0. 3 cm。

2. 制备叶碟

使用打孔器将月季叶片打成直径 1 cm 的叶碟，并将叶碟放在凉透的琼脂凝胶上，叶脉面朝上，叶背紧贴琼脂凝胶，一个培养皿中放入 5 片叶碟。

3. 接入叶螨

用毛笔向每个叶碟上接取 5～10 只雌性叶螨，盖好培养皿，放入不同温度的光照培养箱内。

4. 观察记录

(1)经 24 h 后记录叶螨的产卵数量，同时剔除所接入的所有雌性叶螨。

(2)每天观察一次，直至有卵孵化，此时时间记为 0，同时剔除其他未孵化的卵，此时孵化的若螨记为起始虫数。

(3)之后每 24 h 观察一次，记录不同温度下叶螨的存活头数，当有若螨变为成螨开始产卵时，将所产卵剔除，直到所有叶螨死亡为止。数据记录于表 21-1 中。

表 21-1 (℃)温度下叶螨的存活头数

时间/h	存活数
0	
1	
⋮	

五、实验报告

1. 根据所得实验数据，完成不同温度下叶螨种群生命期望表(表 21-2)。

表 21-2 不同温度下叶螨种群生命期望表

l_x	d_x	L_x	T_x	e_x

2. 根据所得实验数据，建立不同温度下叶螨生存曲线，并对结果进行分析。

第六章　普通昆虫学教学实习

一、实习目的与要求

教学实习是继《普通昆虫学》理论和实验课教学任务完成以后，通过集中的教学实践环节，巩固和加深学生对昆虫学理论知识的理解，让学生进一步掌握昆虫学基本的实验操作技能，提高实际动手能力，培养严肃认真的科学态度和良好的实验操作习惯。通过教学实习，要求学生掌握微小昆虫整体玻片标本制作、鳞翅目昆虫翅脉玻片的制作以及标本的采集、制作与保存等昆虫学研究基本实验技能和方法。扎实掌握鉴定昆虫的基本知识和技能、应用形态特征进行分类的基本方法，为以后相关专业课的学习打下坚实基础。

实习要求全体同学参加，不得迟到、早退，严格遵守实验操作规则，按时完成各项实习内容和实习报告总结，实习报告每人一份。在整个实习结束后，要求学生能够熟练掌握昆虫标本的采集方法和采集工具的使用方法；熟悉各类昆虫标本的制作方法、步骤和要求；了解昆虫野外生活环境，通过昆虫的不同习性采集昆虫，并能将采集到的昆虫制成标本；掌握昆虫科级以上的分类原理、方法和特征，学会检索表的制作与应用。

二、实习所需标本材料

1. 学生实习期间所采集的标本，用于学生对昆虫标本的整理和鉴定。
2. 用于制作微小昆虫玻片的完整、新鲜的蚜虫、蓟马、赤眼蜂等小型昆虫。
3. 用于制作翅脉标本的前后翅完整的蝶或蛾，昆虫要求小型至中型个体。

三、用具

见具体实习。

四、内容

实习一　昆虫标本的采集、制作与保存
实习二　微小昆虫玻片标本的制作
实习三　鳞翅目昆虫翅脉标本的制作
实习四　标本的鉴定

实习一　昆虫标本的采集、制作与保存

昆虫标本是教学和科研的重要材料。昆虫标本的采集、制作与保存是学习和研究昆虫的基础工作，是初学者必须掌握的专门技术。

通过野外采集调查，直接观察了解昆虫的形态、结构和生物学特性，以及与寄主植物和环境间的关系；通过室内制作标本，掌握昆虫标本制作的基本操作技能，以及学会如何临时和长期保存标本。在实习过程中培养同学们对美好大自然的热爱，以及同学们团结合作、友爱互助的精神。

一、目的及要求

1. 掌握各种采集工具的使用方法。
2. 观察不同栖息环境中昆虫的种类。
3. 使用不同的采集方法采集昆虫，搜集不同发育阶段的虫态。
4. 掌握标本采集后的处理、保存和制作方法。
5. 用照片或视频记录所观察到的昆虫。
6. 每人/组采集昆虫标本至少 18 目 50 科，共 200 头以上。

二、实习材料和用具

捕虫网(扫网、水网、马氏网)、镊子、三角纸袋、1 mL 注射器、收集伞、吸虫器、陷阱杯、诱虫灯、白布、小刀、细毛笔、记录本、标签纸、记号笔、防酒精签字笔、5 mL 离心管、10 mL 离心管、50 mL 离心管、空矿泉水瓶、头灯、一次性手套、采集铲、GPS、黄盘。

三、昆虫标本的采集方法

昆虫种类繁多，生活习性和生活环境复杂，要想得到大量教学和科研所需的标本，除了必须有一定的采集工具和采集技术，还要注意选择适宜的采集时间和采集地点。另外，如要进入保护区采集，须征得保护区管理部门的许可，还要注意对列入国家重点保护的昆虫种类须经相关部门事先批准才可采集。

(一)采集时间

昆虫种类繁多，生活习性千差万别，一年发生几代，何时开始出现，何时停止活动等，都会与昆虫种类和所处地域的气候条件有很密切的关系。多数昆虫的发生节律基本上与当地植物的生长发育期是同步的。并且低纬度和低海拔地区的昆虫比高纬度和高海拔地区昆虫活动的季节长，适宜采集的时间多。但一年中，对大多数昆虫来说，采集时间以5～9月为佳；一天中，以10:00～17:00(日出性昆虫)和20:00～23:00(夜出性昆虫)活动最频繁，所以在任何时间都可能采集到昆虫，但种类往往会有很大差异。

(二)采集地点

昆虫在地球上分布极广，有的在水中，有的在水面；有的在地面，有的在土壤中；有的在植物表面，有的在植物组织中；有的在动物体表，有的在动物体内；有的在动物尸体上或是垃圾腐物中，等等。只要熟悉不同昆虫的栖境和习性，全面、认真、细致地采集，就可获得非常丰富的标本。如在草丛中寻找蝗虫；在花中去寻找蓟马；在幼嫩的植物叶片和枝条上寻找蚜虫、介壳虫或是网蝽等；在石块下或朽木中寻找步甲或拟步甲类昆虫；在水塘或小溪边采集水生昆虫；在植物开花的地方采集蝴蝶；在森林落叶腐殖层或是朽木下寻找蜚蠊、蚂蚁和白蚁等；在牛粪下寻找粪金龟。而初学者往往只注意采集大型、美丽、活泼的昆虫，往往忽略了小型昆虫的采集，或者一种昆虫仅采一头或几头，这都是不恰当的。

对大多数昆虫来说，理想的采集环境是植物生长茂盛、树木种类繁多、灌木繁杂、杂草丛生、鲜花遍野的山地，若附近有溪流或沼泽的区域更好。

(三)主要采集工具

1. 捕虫网

捕虫网的种类很多，按其功能可分为捕网、扫网、水网和挂网共4种。

(1)捕网：用来捕捉正在飞行或停着的活泼昆虫。网要轻便，不兜风，并能迅速、准确地从网中取出已捕昆虫。网袋选料要用薄、细、透明的白色或淡色的织物，如尼龙纱网。也可代替扫网功能，捕捉草丛、灌木等植物上的昆虫。轻便易携带，切忌作为扫网使用时，大力拉扯，容易造成损坏。

(2)扫网：用来扫捕草丛、灌木等茂密植物上的昆虫。网袋用较结实的白布或亚麻布等制作，较耐用但白布不透明，取出已捕昆虫时不太方便。

(3)水网：用来捞捕水栖昆虫，以铜纱或尼龙纱制成。

(4)挂网：常用的是马氏诱捕器(Malaise trap)。主要用来网集日出性的有翅昆虫，特别是膜翅目和双翅目。

2. 毒瓶

采集到的昆虫要尽快杀死，昆虫杀死得越快标本越完整，所以毒瓶是不可缺少的采集用具。

毒瓶一般使用500～800 mL的玻璃瓶(塑料瓶也可，但容易被乙酸乙酯腐蚀)，底层放入脱脂棉并压实，压实后脱脂的棉厚度约为瓶高的1/4～1/3，其上覆盖硬纸板作为隔离，注意硬纸板与脱脂棉层和瓶壁一定要连接紧密，以防昆虫掉入缝隙。

制作毒瓶常用的药物有乙酸乙酯、三氯甲烷、氨水等，但药物挥发快，作用时间短，要适时加药。外出采集时，最好往毒瓶内放些纸条。这样既可以防止虫体的相互摩擦而损坏标本，还可以吸去多余水分。

注意事项：

(1)制作毒瓶时要注意室内通风，最好戴一次性手套，注意药品不要接触皮肤，接触毒瓶后要用香皂洗手。

(2)野外采集时，一旦打碎毒瓶要用镊子将瓶中药物夹入另一空瓶内，盖严瓶塞，并将碎瓶埋入土中。

3. 诱虫灯

一般用200～400 W的白炽灯，也可使用20 W或40 W的波长为330～400 nm的黑光灯。

4. 贝氏漏斗

一种附加有驱赶作用的分离集虫器。主要用来收集土壤或枯枝落叶中的微小至小型昆虫。

(四)采集方法

野外采集应根据不同昆虫的习性和栖息环境，采用适当的采集方法。常用的方法有网捕法、振落法、搜索法、诱集法、陷阱法和筛离法等。

1. 网捕法

能飞善跳的昆虫不论是在活动或静止时，都应网捕。对飞行中的昆虫可以迎面扫网或从后面扫网；对静栖的昆虫常从后面或侧面扫网；对具有假死性的昆虫常从下方向上扫网。

昆虫一旦入网后要立即封住网口。其方法是随扫网的动作顺势将网袋向上甩，连虫带网翻到上面来；或迅速翻转网柄，使网口与网袋叠合一部分。切勿由网口从上往下探看网中之虫。

昆虫入网后，蝶类和小型蛾类为防止鳞片受损，应隔网捏住胸部，渐加压力，使其不能飞行，再取出放入三角袋；如果是蛰人的蜂类、蚁类，或是有毒的隐翅虫、芫菁、蝽、枯叶蛾幼虫、毒蛾幼虫、刺蛾幼虫等必须用镊子取出；如果是很多小型昆虫，可以将网的中下部捏住，伸进毒瓶，将其毒死后，倒在白纸或是白托盘上进行挑拣，放入装有酒精的小离心管内。

用马氏诱捕器网捕来的昆虫是直接掉落在装有酒精的瓶中，可直接盖紧瓶盖，带回室内进行挑拣整理；也可将瓶中昆虫和酒精一起倒入空瓶中带回。

对于水生昆虫的稚虫，可根据其栖境用水网采集。

2. 振落法

主要用于采集有假死性的昆虫。可在树下铺白布单或将收集伞放到植物的枝条下面，摇动或敲击树干或枝叶，震落昆虫。注意要及时收集落下的昆虫，否则它们很快恢复活动，爬离或飞走。

有些白天隐蔽在树上的昆虫、具有拟态或保护色的昆虫，在受到剧烈震动时也会受惊落下，亦可采用此法进行捕捉。

3. 搜索法

主要根据昆虫的栖境、寄主植物、危害状或排泄物来搜索，采集在地面上、植物上、石头下、土壤里、树皮缝隙或树洞、枯枝落叶层下、动物尸体上或动物粪便中的昆虫。如搜索地面的蚁巢采集蚂蚁，在植物叶片或枝条上寻找介壳虫，在石头下采集蠼螋，在牛粪下采集粪金龟，在树皮缝隙的丝网里采集足丝蚁等。

4. 诱集法

诱集是利用昆虫的趋光性或趋化性来采集昆虫的一种简便有效的方法。

(1)灯诱：主要用来诱集夜出性又有趋光性的昆虫。最好在无风无雨的夏日晚上，尤其是在闷热或月缺的晚上，采集的昆虫会更多。为了便于收集昆虫，挂灯时常在灯后挂一块白布。挂灯地点最好选在林区，在杂草灌丛茂盛且四周较为开阔的地方。若诱集水生昆虫，则需在溪流、湖泊、池塘等水域附近。

(2)色诱：主要用来诱集对颜色有趋性的昆虫。最常见的是用黄盘诱集蚜虫和部分蜂类等。

(3)味诱：主要用来诱集有趋化性的昆虫。如用糖醋液等有酸甜味的物质可以诱集多种蛾类、蝼蛄和双翅目的许多昆虫；利用人尿可诱捕蝴蝶；利用鱼内脏或是腐肉可以诱捕蝇类和埋葬甲等腐食性昆虫；利用蜜糖诱集蚂蚁；利用腐烂水果诱集果蝇。此外，也可利用性信息素或人工合成的外激素类似物进行诱集。

5. 陷阱

用来采集甲虫、蚂蚁、蟋蟀、步甲或蟑螂等地面爬行的昆虫。在陷阱中放入味诱剂时，效果更佳。例如，在陷阱中加入少许啤酒、酒糟或酸醋，可引诱更多的昆虫。

6. 贝氏漏斗法

对于收集土壤或枯枝落叶中的微小至小型昆虫非常有效。将土壤或枯枝落叶放到漏斗的筛网上，接通电源，土壤或落叶就会受热变干，其中的小昆虫就会向下爬动，最终掉入漏斗下的收集瓶内。注意漏斗内的温度要控制在35～40℃。

(五)昆虫标本的临时保存方法

采集到的标本应暂时保存起来，以便之后带回室内整理、制作和鉴定。常用的临时保存方法有酒精浸液、三角纸袋和棉层纸包。

1. 酒精浸液

为75%~100%的酒精。使用浓度依虫体大小和含水量而定。微型和小型昆虫用75%酒精即可；大型昆虫和全变态类的幼虫由于体内含水量高，最好用80%~85%酒精；水生昆虫的幼虫或稚虫因含水量大，最好用85%~90%酒精；如果采集的标本是用于研究昆虫DNA，则需用无水酒精；如果采集的标本是用于研究昆虫RNA，则应将采集昆虫取食的寄主植物组织与活体昆虫一起带回；若需放置以后使用，可将虫体放入离心管，用超低温冰箱(-80 ℃)或液氮灌保存。

除鳞翅目、脉翅目、蜻蜓目和毛翅目成虫不适宜酒精浸液保存外，其他虫态和类群均可在酒精中暂时保存或长期保存。微小型或小型昆虫最好单独放在小离心管中浸液保存，不与其他昆虫混在一起，以免日后难以查找；蜉蝣或襀翅目等昆虫标本很脆弱，晃动会造成标本损坏，所放的离心管中要注满酒精不留小气泡。

2. 三角纸袋

用长方形的纸折成三角形袋，用来装鳞翅目、脉翅目、蜻蜓目和毛翅目的成虫。每袋可装虫量根据虫体体型和特点而定，注意不能挤压和折叠，以免损坏标本，并且昆虫触角、足和翅等附肢应顺贴于纸袋中，不可扭曲摆放。标本装好后，在纸袋上用记号笔注明采集的方法、时间、地点、海拔、经纬度、采集人和寄主等信息。介壳虫标本可连寄主植物一起采集放入大三角纸袋中。

3. 棉层纸包

在长方形的脱脂棉块外包一层牛皮纸做成。将标本整齐地放在棉层上后，盖上一块光面纸，再用牛皮纸包好。在牛皮纸外注明采集的方法、时间、地点、海拔、经纬度、采集人和寄主等信息。

棉层纸包适合临时保存微小标本，特别是经毒瓶杀死的微小昆虫；也可用来保存中小型或大型标本。若标本保存时间较长，需给标本注射一些防腐剂。标本需放在通风处或冰箱中，防止被皮蠹等咬食。

四、昆虫针插标本的制作与长期保存方法

为使昆虫标本长期保存，便于教学和科研使用，采集的昆虫都需要进行整理，随后制成符合规范的标本。制作的昆虫标本，要求完整、干净、美观，尽量保持其自然状态。因此，要有适当的工具、严格的制作技术和方法，以及足够的耐心和细心。

(一) 制作昆虫标本的工具

1. 昆虫针

用于固定虫体的不锈钢针。按粗细长短的不同可分为00、0、1、2、3、4、5号共7种。其中，00号针长12.8 mm，直径0.3 mm，顶端无膨大的针帽，专门用来制作微小昆虫标本，也称二重针；0~5号针为常用昆虫针，针长约38 mm，直径分别为0.4 mm、0.5 mm、0.6 mm、0.7 mm和0.8 mm，顶端有膨大的针帽。

2. 三级台

一个分为三级高度的阶梯形小木块，用于保证针插昆虫体躯和标签保持一定高度(图1，A)。三级台长7.5 cm，高2.4 cm，每级高度差为0.8 cm(图1，A)。每级中央有1小孔，制作昆虫标本时将昆虫针插入孔内，调整虫体和标签在昆虫针上的相对位置，保证标本的整齐和美观。

第1级高2.4 cm，用来确定标本的高度。要求针与虫体垂直，虫姿端正。双插法和粘贴小型昆虫标本时，三角纸、软木片或卡纸等均用此级的高度。

第2级高1.6 cm，用来确定采集标签的高度。所有针插标本都要附上采集标签，否则会失去科学价值。采集标签应写明采集时间、地点、海拔、经纬度、采集人，也可根据具体情况添加采集方法和寄主等信息。

第3级高0.8 cm，用来确定鉴定标签的高度。鉴定标签应写明学名、鉴定时间和鉴定人等。一些昆虫的虫体较肥厚，在第1级插好后，应倒转针头，在第3级插下，使虫体上面露出0.8 cm，保证标本整齐，便于提取。

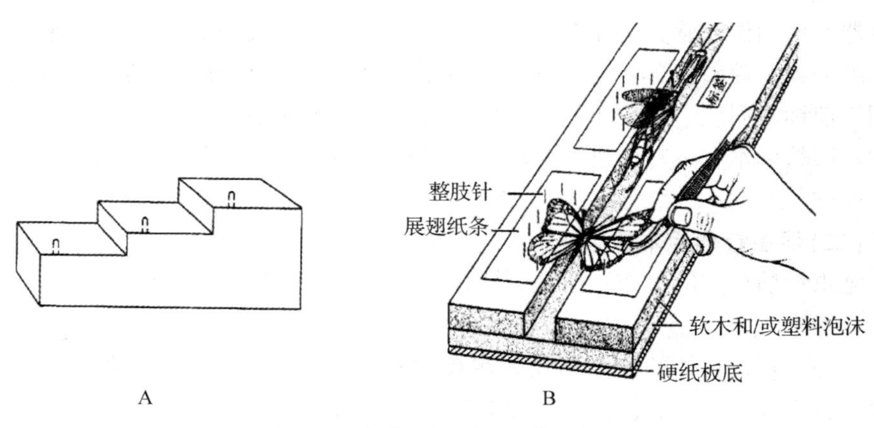

图1　三级台(左)和展翅板(右)

A. 仿 Delong & Davidson；B. 仿 Upton

3. 展翅板

用来对昆虫进行展翅的“工”字形木架，上面装有两块表面略向内倾斜的木板，一块固定，另一块可左右移动，便于调节两板间的距离；木架中央有一凹槽，铺有软木或泡沫板，便于插昆虫针(图1，B)。也可使用厚度4 cm及以上的泡沫板制成展翅板，在泡沫板一面刻上适宜的凹槽即可使用。

4. 三角纸片和软木条

小型昆虫可用胶水黏在用昆虫针插好的三角纸片上(图2，A~B)。黏虫胶最好是水溶性的，必要时可以回软取下。体上有鳞片的小蛾类和多毛的蝇类等，适宜用“微针”插在软木条或卡纸上(图2，C~E)。

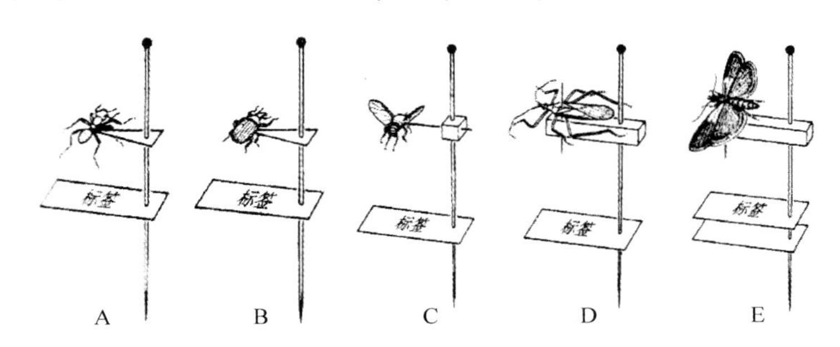

图2 小型昆虫的黏制与双插(仿 Upton)

5. 回软缸

用来使已经干硬的标本重新恢复柔软，便于后续整理制作。凡是有盖的玻璃容器都可用作回软缸。在缸底放些湿沙，加几滴石炭酸防霉。将装有标本的三角纸袋或是放有标本的培养皿放入缸内，勿使标本与湿沙接触，盖紧盖子，借潮气使标本回软。回软所需的时间因温度和虫体大小有密切关系，切勿过度回软。回软标本较少时，也可使用密封性好的塑料杯或是蒸汽熏蒸的方法进行快速回软。

(二)昆虫针插标本的制作

昆虫针插标本的制作一般分为插针、整姿、烘干3个基本步骤。

1. 插针

首先，根据虫体的大小和软硬在00~5号针中选择合适的昆虫针。大中型昆虫的成虫和不全变态昆虫的若虫均可直接插针。不需展翅的微小昆虫，如蚂蚁或小蠹虫，可将昆虫直接黏在三角纸片的尖端处，注意不要影响体躯各部位分类特征的观察，黏接部位以虫体右侧面为佳。微型、小型昆虫和制作玻片的标本，可进行二重插针，或放入装有酒精的小离心管中浸液保存。

其次，为保证分类学研究上的方便，不同类群的昆虫其针插部位也有一定要求。一般都插在中胸背板中央偏右的位置，既可保持标本稳定，又不致破坏中央的特征，同时还能保证昆虫针插入后与虫体纵轴垂直。昆虫针的插入部位视昆虫各类而稍有所不同(图3)：

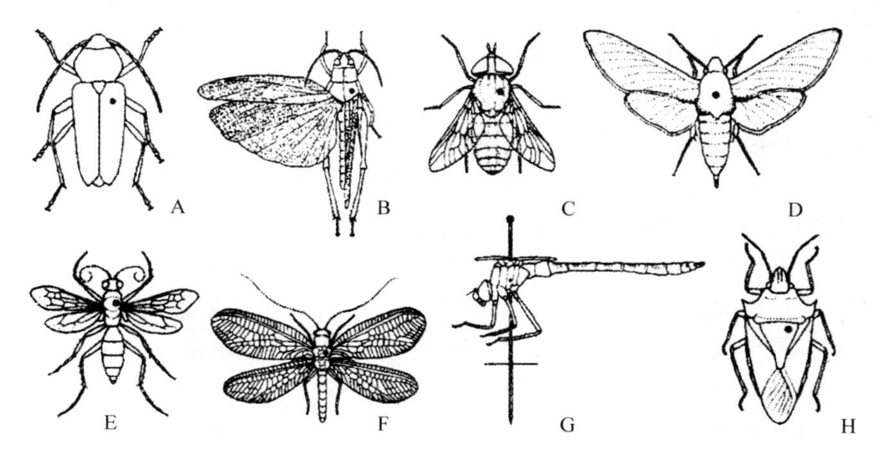

A. 鞘翅目　B. 直翅目　C. 双翅目　D. 鳞翅目　E. 膜翅目　F. 脉翅目　G. 蜻蜓目　H. 半翅目

图3　昆虫标本插针部位(仿 Gullan & Cranston)

①鞘翅目昆虫插在右鞘翅基部近翅缝处，不能插在小盾片上。

②直翅目昆虫插在前胸背板中后部，背中线稍右的位置。

③双翅目昆虫插在中胸偏右的位置。

④鳞翅目和蜻蜓目昆虫　插在中胸背板正中央，通过第二对胸足的中间穿出。

⑤膜翅目和脉翅目昆虫　插在中胸背板中央稍偏右的位置。

⑥半翅目中的蝉亚目和蜡蝉亚目昆虫　插在中胸正中央的位置；异翅亚目昆虫插在中胸小盾片中央偏右的位置。

最后，昆虫针插好后，虫体的高低要用三级台来矫正。在第1级插好后，把昆虫针倒转过来，插入第3级小孔内，使昆虫体背上露出的昆虫针的高度为0.8 cm。

2. 整姿及展翅

昆虫针插后还需进行整姿，要将昆虫的触角、足、翅和腹部等摆正，使其与自然状态接近。一般要求触角和前足向前自然伸展，中后足向后伸展。对于体型较大的昆虫，还可用坚固的纸片或昆虫针来支撑住昆虫的腹部，以免下垂。对于鳞翅目、脉翅目、蜻蜓目、毛翅目和部分大型膜翅目的成虫还需要使用展翅板进行展翅。

使用时先将展翅板调到适宜宽度，然后把定好高度的标本插在展翅板的槽中，翅基部与板面持平，用透明而光滑的蜡纸或硫酸纸裁成的纸条将翅压在板上，再用钝头镊子夹住左翅前缘近基部较结实的地方，使翅向前展开，拨到前翅后缘与虫体垂直时，用大头针固定；再将后翅向前拨动，使后翅前缘基部压在前翅下面，用大头针固定；左翅展好后，再依照此法拨展右翅；触角应与前翅前缘大致平行，压在纸条下或用大头针进行固定；腹部应平直，不能上翘或下弯。

不同类群的昆虫展翅要求不同，鳞翅目、蜻蜓目和直翅目昆虫要求左右前翅后缘呈一水平直线；双翅目与膜翅目的昆虫要求左右前翅的顶角与头呈一条直线；脉翅目昆虫要求左右后翅的前缘呈一条直线。

经整姿和展翅后的标本要附上临时标签，临时标签可插在整姿和展翅标本的边上，待标本充分干燥后才能取下保存，同时替换正式采集标签。注意昆虫针应从采集标签的正中插入，并用三级台的第 2 级高度来矫正采集标签的高度。昆虫针插标本制作好后，所有针插标本均要有采集标签，采集标签应写明采集时间、地点、海拔、经纬度、采集人，也可根据具体情况添加采集方法和寄主等信息。

3. 烘干

将整姿后的标本放入烘箱内，在 40~45 ℃下间断烘烤至干燥。

（三）昆虫标本的长期保存

昆虫标本的长期保存有针插干标本保存和酒精浸液保存两种方法。

1. 针插干标本保存

标本盒是用于保存针插标本的长方形盒子，材料多为木质和纸质，规格多样。所有已干燥的针插标本在整理归类后，均要整齐插入标本盒内长期保存，以防虫蛀。可在标本盒四角固定樟脑球，注意适时更换；也可定期将标本盒放入−40 ℃的冰柜或在 50 ℃左右的烘箱中进行处理，防止生虫。标本盒外部侧面可贴上标签，之后放入阴凉干燥的标本柜内保存，注意标本室的防虫与除湿。

2. 酒精浸液保存

除了必须针插的标本外，其他标本均可在酒精浸液中长期保存。为防止酒精和甲醛挥发，盖严瓶口后，可用石蜡、火漆或封口胶密封，贴上标签，放于阴凉处保存。如果虫体太小且个体又少，最好单独放在小离心管内浸存，贴上标签，然后放入广口瓶内的酒精浸液中密封，并置于阴凉处保存。

酒精浸液长期保存的标本，常会出现褪色和变脆，触角、足和鬃毛脱落等现象。为减轻标本的褪色情况，对于不同的昆虫类群常有不同做法：① 新采集到的鳞翅目幼虫可先放入开水中烫几分钟，再放入 80%酒精中保存；② 新采集到的昆虫可放在卡诺氏液中浸泡 10 h 后，再移入 80%酒精中浸泡保存；③ 新采集到的昆虫也可放入凯勒氏液中浸泡 4~6 d 后，再用 80%酒精来替换保存；④可在保存蜉蝣目标本的酒精浸液中加入 1%丙酮亚诺抗氧化剂，可减轻酒精的脱色作用，同时使标本在酒精挥发完后仍能保持湿润状态；⑤ 在保存𫌀翅目标本的酒精浸液中加入 1~2 滴丙三醇，可保证标本在酒精挥发完后仍能保持湿润状态；⑥ 在保存蚜虫和介壳虫的酒精中加入乳酸(95%酒精与 75%乳酸按 2∶1 比例混匀)，可防止标本变脆，且便于制作玻片标本时回软。

实习二　微小昆虫玻片标本的制作

一、目的

掌握微小昆虫玻片标本的制作方法。

二、要求

每人制作合格的微小昆虫玻片标本 1~2 片。

三、实习材料和用具

（一）材料

蓟马、蚜虫、书虱或其他微小型昆虫或螨类。

（二）用具

双筒体视显微镜、镊子、解剖针、细毛笔或勾线笔、胶头滴管、标签（采集、鉴定）、酒精灯、三脚架、石棉网、载玻片、盖玻片（18 mm×18 mm，22 mm×22 mm）、烧杯、培养皿、镜头纸、吸水纸、中性树胶、玻片盘、各种试剂（30%、50%、70%、85%、90%、95%、100% 的酒精，二甲苯，10% 的 NaOH 溶液等）。

四、制作步骤

1. 杀死与固定

用 75%的酒精或沸水杀死供试昆虫，保存在 70%~75%的酒精中。

2. 软化

用细毛笔或勾线笔将虫体从酒精中挑出，放入装有 10% NaOH 溶液的烧杯中，放在石棉网上用酒精灯加热，沸腾后约 3~10 min，注意观察软化情况并将虫体及时挑出，以免软化过度。

3. 清理内脏及清洗

用细解剖针或 0 号昆虫针在昆虫腹部侧面扎 2~3 个小孔，然后用略粗的解剖针或 4 号昆虫针的针帽一端轻轻挤出内脏，用胶头滴管吸取清水，在虫体一侧滴冲，另一侧用吸水纸吸取，清洗虫体（注意刺孔位置不要损伤鉴定特征）。

4. 染色

将昆虫移入染色皿内，滴加酸性复红染液，染色 50~60 min。如不需要染色，此步可省略。

5. 脱水(脱色)

依次在30%、50%、70%、85%、90%、95%和100%的酒精中梯度脱水(根据标本的大小，每级脱水3~5 min，酒精浓度愈高，脱水时间愈短，在100%的酒精中脱水约1 min)。脱水时间过长，虫体易变脆。若中途停止工作，应将虫体保存在70%的酒精中。

6. 透明

完成脱水后的虫体用二甲苯透明处理5min。若虫体过小，可缩短透明时间，不然透明时间过长虫体易变脆。若出现混浊现象，表明脱水不干净，应返回无水酒精中继续脱水后继续进行透明处理。

7. 整姿

取出透明好的标本置于载玻片上进行整姿，使之成为自然状态，即触角、前足向前，翅向两侧，中、后足向后。整姿尽量迅速，要避免二甲苯干后产生气泡。

8. 滴胶

滴1滴大小适度的中性树胶，再稍加整姿。注意掌握好树胶的用量，盖片后以刚好布满整个载玻片与盖玻片之间的空间为宜。

9. 盖片

取干净盖玻片，斜向、先以盖玻片一侧接触胶液，再慢慢放下，以免产生气泡。

10. 贴标签

玻片左侧贴采集标签，右侧贴鉴定标签。

11. 干燥

将制作好的玻片置于玻片盘中自然阴干或在其他容器中烘干。

实习三　鳞翅目昆虫翅脉标本的制作

一、目的

学习并掌握鳞翅目昆虫翅脉标本的制作方法。

二、要求

每人制作合格的鳞翅目翅脉标本 1~2 片。

三、实习材料和用具

(一) 材料

具有完整翅的新鲜鳞翅目昆虫标本。

(二) 用具

双筒体视显微镜、镊子、剪刀、细毛笔、胶头滴管、标签(采集、鉴定)、培养皿、镜头纸、吸水纸、白色蜡纸、塑封膜、塑封机、各种试剂(30%、50%、70%、85%、90%、95%、100%的酒精，二甲苯，10%的 HCl 或 NaOH、漂白液等)。

四、制作步骤

1. 剪翅

用剪刀沿着昆虫一侧翅的基部剪下，将翅放入 75%的酒精中浸润，注意保持翅的完整。

2. 浸泡

用稀盐酸或氢氧化钠浸泡 1~3 min。

3. 脱鳞

将翅移入漂白液中浸泡脱色。若脱色慢，可返回步骤 2 反复多次，直到鳞片脱净，也可用毛笔沿着翅脉走向轻刷翅面帮助鳞片脱落，但一定要注意不要损坏翅面。

4. 水洗

鳞片脱净后，放入装有清水的培养皿中反复清洗几次。

5. 脱水

依次在 30%、50%、70%、85%、90%、95%和 100%的酒精中梯度脱水(根

据翅的大小厚薄，每级脱水 5 ~ 10 min，酒精浓度越高，脱水时间越短，在100%的酒精中脱水约 1 min)。若中途停止工作，应将翅保存在 70%的酒精中。

6. 透明

完成脱水后用二甲苯进行透明处理 3~5 min。

7. 整姿

取出透明好的翅置于白色蜡纸上，快速整理平整。

8. 塑封

将翅(或与白蜡纸一起)移入塑封膜中，放入过塑机进行过塑。

9. 贴标签

在过塑好的塑封片右下角，上方贴采集标签，下方贴鉴定标签。

实习四　标本的鉴定

一、目的

学习检索表的使用方法并能正确鉴定昆虫到科级阶元。

二、要求

每个实习小组利用检索表等工具书鉴定采集到的昆虫，至少到科级阶元，其中每人鉴定的昆虫标本至少包含 8 目 30 科。鉴定完毕的昆虫标本需整理好并上交实验室备存。

三、实习材料和用具

(一) 材料

实习期间野外采集到的各种昆虫。

(二) 用具

双筒体视显微镜、镊子、解剖针、标签(采集、鉴定)、培养皿、镜头纸、带有检索表的教科书、实验指导书或相关分类书籍。

四、鉴定方法

1. 利用本书附录中的检索表、带有检索表的教科书对标本进行初步检索，确定所属目或科。

2. 明确标本所属目或科后，再依据动物志、经济昆虫志或相关分类书籍资料确定标本所在的科或属。

3. 鉴定完成后，鉴定人需填写鉴定标签，内容包括学名、鉴定日期和鉴定人姓名。

参考文献

彩万志，庞雄飞，花保祯，等，2001. 普通昆虫学[M]. 北京：中国农业大学出版社.

杜喜翠，2012. 普通昆虫学实验与实习教程[M]. 重庆：西南师范大学出版社.

郭郛，忻介六，1988. 昆虫学实验技术[M]. 北京：科学出版社.

雷朝亮，荣秀兰，2011. 普通昆虫学[M]. 2版. 北京：中国农业出版社.

刘志琦，董民，2009. 普通昆虫学实验教程[M]. 北京：中国农业大学出版社.

荣秀兰，2003. 普通昆虫学实验指导[M]. 北京：中国农业出版社.

宋大祥，2006. 节肢动物的分类和演化[M]. 生物学通报，41(3)：1–3.

王思芳，孙丽娟，2016. 普通昆虫学实验与实习实训指导[M]. 北京：中国农业大学出版社.

魏丹丹，荣霞，2019. 普通昆虫学实验实习指导[M]. 重庆：西南师范大学出版社.

许再福，2009. 普通昆虫学[M]. 北京：科学出版社.

许再福，2010. 普通昆虫学实验与实习指导[M]. 北京：科学出版社.

袁锋，张雅林，冯纪年，等，2006. 昆虫分类学[M]. 2版. 北京：中国农业出版社.

赵惠燕，2010. 昆虫学研究方法[M]. 北京：科学出版社.

郑乐怡，归鸿，1999. 昆虫分类(上、下册)[M]. 南京：南京师范大学出版社.

周尧，2002. 周尧昆虫图集[M]. 郑州：河南科学技术出版社.

Elzinga R. J，2004. Fundamentals of Entomology[M]. 6th ed. Upper Saddle River：Pearson Prentice Hall.

Gillott C，2005. Entomology[M]. 3rd ed. Dordrecht：Springer Publishing Company.

Gullan P J，Cranston P S，2005. The Insects：An Outline of Entomology[M]. 3rd ed. London：Blackwell Publishing.

Millar I M，Uys V M，Urban R P，2000. Collecting and Preserving Insects and Arachnids[M]. Irene：Isteg Scientific Publications.

Schauff M. E，2003. Collecting and Preserving Insects and Mites：Techniques and Tools[C]. Systematic Entomology Laboratory，USDA，National Museum of Natural History，NHB – 168，Washington，D. C. 20560.

Ross E S Embiidina，S P Parker，1982. Synopsis and Classification of living Organisms[M]. New York：McGraw–Hill Book Company：387–389.

附　表

附表 1　相关系数检验表

$n-2$	5%	1%	$n-2$	5%	1%	$n-2$	5%	1%
1	0. 997	1. 000	11	0. 553	0. 684	21	0. 413	0. 526
2	0. 950	0. 990	12	0. 532	0. 661	22	0. 404	0. 515
3	0. 878	0. 959	13	0. 514	0. 641	23	0. 396	0. 505
4	0. 811	0. 917	14	0. 497	0. 623	24	0. 388	0. 496
5	0. 754	0. 874	15	0. 482	0. 606	25	0. 381	0. 487
6	0. 707	0. 834	16	0. 468	0. 590	26	0. 374	0. 487
7	0. 666	0. 798	17	0. 456	0. 575	27	0. 367	0. 470
8	0. 632	0. 765	18	0. 444	0. 561	28	0. 361	0. 463
9	0. 602	0. 735	19	0. 433	0. 549	29	0. 355	0. 456
10	0. 576	0. 708	20	0. 423	0. 537	30	0. 349	0. 499

附表 2　χ^2 分布表

df	0. 99	0. 95	0. 90	0. 5	0. 1	0. 05	0. 01
1	0. 000	0. 004	0. 016	0. 455	2. 71	3. 84	6. 64
2	0. 020	0. 103	0. 211	1. 386	4. 61	5. 99	9. 21
3	0. 115	0. 352	0. 584	2. 366	6. 25	7. 82	11. 34
4	0. 297	0. 711	1. 064	3. 357	7. 78	9. 49	13. 28
5	0. 554	1. 145	1. 610	4. 351	9. 24	11. 07	15. 09
6	0. 872	1. 635	2. 204	5. 35	10. 65	12. 59	16. 81
7	1. 239	2. 167	2. 833	6. 35	12. 02	14. 07	18. 48
8	1. 646	2. 733	3. 490	7. 34	13. 36	15. 51	20. 09
9	2. 088	3. 325	4. 168	8. 84	14. 68	16. 92	21. 67
10	2. 558	3. 940	4. 865	9. 34	15. 99	18. 31	23. 21
11	3. 05	4. 57	5. 58	10. 34	17. 28	19. 68	24. 73
12	3. 57	5. 23	6. 30	11. 34	18. 55	21. 03	26. 22
13	4. 11	5. 89	7. 04	12. 34	19. 81	22. 36	27. 69
14	4. 66	6. 57	7. 79	13. 34	21. 06	23. 69	29. 14

df	0. 99	0. 95	0. 90	0. 5	0. 1	0. 05	0. 01
15	5. 23	7. 26	8. 55	14. 34	22. 31	25. 00	30. 58
16	5. 81	7. 96	9. 31	15. 34	23. 54	26. 30	32. 00
17	6. 41	8. 67	10. 09	16. 34	24. 77	27. 59	33. 41
18	7. 02	9. 39	10. 87	17. 34	25. 99	28. 87	34. 81
19	7. 63	10. 12	11. 65	18. 34	27. 20	30. 14	36. 19
20	8. 26	10. 85	12. 44	19. 34	28. 41	31. 41	37. 57
21	8. 90	11. 59	13. 24	20. 34	29. 61	32. 67	38. 93
22	9. 54	12. 34	14. 04	21. 34	30. 81	33. 92	40. 29
23	10. 20	13. 09	14. 85	22. 34	32. 01	35. 17	41. 67
24	10. 86	13. 85	15. 66	23. 34	33. 20	36. 42	42. 98
25	11. 52	14. 61	16. 47	24. 34	34. 38	37. 65	44. 31
26	12. 20	15. 38	17. 29	25. 34	35. 56	38. 89	45. 64
27	12. 88	16. 15	18. 11	26. 34	36. 74	40. 11	46. 96
28	13. 56	16. 93	18. 94	27. 34	37. 92	41. 34	48. 28
29	14. 26	17. 71	19. 77	28. 34	39. 09	42. 56	49. 59
30	14. 95	18. 49	20. 60	29. 34	40. 26	43. 77	50. 89

附　录

直翅目分亚目、总科和科检索表

1. 触角丝状细长，末端尖锐，超过30节；如有听器或退化的听器遗迹，则在前足胫节上(螽斯亚目 Ensifera) ………………………………………………………………………… 2

   触角线状、剑状或棒状，末端不尖锐，少于30节，明显比体短，如有听器，则位于腹部；足的跗节3节或更少(蝗亚目 Chaelifera) …………………………………………… 10

2. 触角比体短；雌虫产卵器不外露；前足开掘式(蝼蛄总科 Cryllotalpoidae) ……………………………………………………………………………………… 蝼蛄科 Grllotalpidae

   触角比体长，或等于体长；雌虫产卵器发达，刀状或剑状；前足非开掘式……………… 3

3. 跗节4节………………………………………………………………………………… 4

   跗节3节(蟋蟀总科 Grylloidea) ……………………………………………………… 9

4. 如有前翅则明显呈覆翅，雄虫覆翅上有发达或原始的发音区…………………………… 5

   如有前翅则较柔软；雄虫前翅上无发音器分化，缺镜膜；前足胫节无听器(蟋螽总科 Gryllacridoidea) ……………………………………………………………………………… 7

5. 雄虫前翅有原始的摩擦发音器，占的面积大，不限于肘脉区，缺镜膜(鸣螽总科 Hagloidea) ……………………………………………………………………… 鸣螽科 Haglidae

   雄虫前翅有发达的摩擦发音器，有音锉和镜膜(螽斯总科 Tettigonioidea) ………………… 6

6. 体细长，足极细长，头前口式，状似竹节虫；前足胫节的听器退化或缺如蛸螽科 Phasmodidae

   体粗壮，足正常，头下口式，前足胫节有听器 ……………………………… 螽斯科 Tettigoniidae

7. 跗节扁平 …………………………………………………………………… 蟋螽科 Gryllacrididae

   跗节侧扁………………………………………………………………………………… 8

8. 跗节极侧扁，有中垫 ……………………………………………………… 驼螽科 Rhaphidophoridae

   跗节侧扁，或多少圆筒形，无中垫 …………………………………… 沙螽科 Stenopelmatidae

9. 头长而平伸，前口式；体细长；后足胫节背面每侧有4个大刺及许多小刺 ……………………………………………………………………………………………… 蟋科 Oecanthidae

   头短圆而垂直，下口式；体粗；后足胫节背面不如上述 …………………… 蟋蟀科 Gryllidae

10. 前、中、后足跗节均3节………………………………………………………………… 11

    前、中足跗节最多2节…………………………………………………………………… 22

11. 前胸背板有1角状突起向后延伸；后足腿节短而细；少数基部或顶端粗壮；雄虫腹部膨大(大腹蝗总科 Pneumoroidea) ……………………………………… 大腹蝗科 Pneumoridae

    前胸背板无1向后延伸的角状突起；后足腿节粗壮或极细长；雄虫腹部不膨大…………………………………………………………………………………………………… 12

12. 体枝杆状，头长而尖；前胸圆柱状；状如竹节虫(蝗总科 Proscopioidea) ·· 蝗科 Proscopiidae
    体粗壮，非竹节虫状·· 13
13. 触角常短于前足腿节，若较长，则后足第 1 跗节上侧具小齿，且完全无翅；腹部气门着生于背、腹板之间的侧膜上；腹部第 1 节缺鼓膜器(蜢总科 Eumastacoidea) ············ 14
    触角明显长于前足腿节，后足第 1 跗节上侧无细齿；腹部气门着生于背板下缘；腹部第 1 节有鼓膜器，仅少数无翅或短翅种类的鼓膜器消失或很小(蝗总科 Acridoidea) ······ 15
14. 触角棒状，端部的节略宽于中部的；后足跗节第 1 节上侧具齿；完全无翅··· 角蜢科 Gormphomastacidae
    触角丝状，端部的节不宽于中部的；后足跗节第 1 节有几个瘤突或 1、2 个小的亚端刺；翅发达或缺如 ·· 蜢科 Eumastacidae
15. 头顶具细纵沟；后足腿节外侧有排列不规则的颗粒或棒状隆线，上基片短于下基片，若上基片长于下基片则阳茎基背片呈花瓶状，非桥状·· 16
    头顶缺细纵沟；后足腿节外侧有排列整齐的羽状隆线，上基片长于下基片，阳茎基背片大体呈桥状·· 18
16. 腹部第 2 节背板有摩擦板；阳茎基背片缺侧板；阳具复合体不呈球状或蒴果状··· 癞蝗科 Pamphagidae
    腹部第 2 节背板无摩擦板；阳茎基背片的侧板颇长，呈独立的分支；阳具复合体呈球状或蒴果状·· 17
17. 触角丝状 ·· 瘤锥蝗科 Chrotogonidae
    触角剑状 ·· 锥头蝗科 Pyrgomorphidae
18. 触角丝状·· 19
    触角非丝状·· 21
19. 前胸腹板具圆锥形、柱形、三角形或横片状的突起；阳茎基背片的锚状突较短··· 斑腿蝗科 Catantopidae
    前胸腹板无突起；阳茎基背片的锚状突较长·· 20
20. 前翅中脉区的中闰脉上有发音齿，如中闰脉弱或缺如，则不具发音齿，且后足腿节外侧上隆线的端半部具发音齿，同后翅纵脉的膨大部分摩擦发音 ······ 斑翅蝗科 Oedipodidae
    前翅中脉区缺中闰脉，若有很弱的中闰脉，则不具发音齿，且后足腿节外侧上隆线的端半部不具发音齿，发音齿多着生在后足腿节内侧的下隆线上 ······ 网翅蝗科 Arcypteridae
21. 触角槌状 ·· 槌角蝗科 Gomphoceridae
    触角剑状 ·· 蝗(剑角蝗)科 Acrididae
22. 前胸背板向后延伸至少超过腹基部数节；后足跗节 3 节(菱蝗总科 Tetrigoidea) ··· 23
    前胸背板向后延伸最多遮盖胸部；后足跗节 1 或 2 节，或不分节························· 24
23. 触角短，少于 16 节；前足腿节上方有脊无沟 ································ 菱蝗科 Tetrigidae
    触角长，至少 16 节，一般 20~22 节；前足腿节上方有沟 ··· 沟腿菱蝗科 Batrachideidae

24. 前胸背板侧叶在腹中线靠近，遮盖全腹面；后足非跳跃足，腿节很少大于中足腿节(筒蝼总科 Cylindrachetoidea) …………………………………………… 筒蝼科 Cylindrachetidae
    前胸背板侧叶在腹面远离；后足为跳跃足，腿节膨大，比中足腿节大得多(蚤蝼总科 Tridactyloidea) …………………………………………………………………… 25
25. 头像前口式；前胸背板后缘凸圆，很少向后延伸；雌无产卵器；尾须2节……………………………………………………………………………… 蚤蝼科 Tridactylidae
    头下口式；前胸背板向后延伸；雌有产卵器；尾须不分节……………………………………………………………………………… 无声蚤蝼科 Ripipterygidae

螳螂目分科检索表

1. 前足胫节缺内钩，仅有粗刚毛而无强刺；尾须很长 ……………… 长尾螳科 Chaeteessidae
   前足胫节有内钩；前足有强刺……………………………………………………………… 2
2. 体多绿或蓝色，有耀眼的金属光泽 ………………………………… 金色螳科 Metallyticidae
   体无耀眼的金属光泽……………………………………………………………………… 3
3. 体细小；捕捉式前足仅有细而短的刺 ……………………………… 细螳科 Mantoididae
   体非细小；捕捉式前足有强刺………………………………………………………… 4
4. 体近似沙粒色；两性均短翅型；中、后足细长，适于急行；生活于沙漠或半沙漠区；跗节5-5-5或4-3-3式 ………………………………………………… 沙漠螳科 Eremiaphilidae
   体非沙粒色，非生活于沙漠区；跗节5-5-5式 …………………………………………… 5
5. 头部有单眼瘤 ……………………………………………………… 怪足螳科 Amorphoscelidae
   头部无单眼瘤……………………………………………………………………………… 6
6. 前足腿节腹面内缘的刺较长，与3或4个短刺交互排列；雄虫触角双栉状；额和唇基有一脊起，有锥状的中突；腹部常有侧瓣………………………………… 锥头螳科 Empusidae
   前足腿节腹面内缘的刺长短交互排列；触角不呈双栉状；腹部无侧瓣…………………… 7
7. 前翅常有双色横带或螺旋状、圆形或眼状斑；头顶常有一突起；中、后足常有瓣状扩张……………………………………………………………………… 花螳科 Hymenopodidae
   前翅无双色横带或螺旋状、圆形或眼状斑；头顶无明显突起；中、后足一般无瓣状扩张……………………………………………………………………… 螳螂科 Mantidae

半翅目分亚目检索表

1. 前翅半鞘翅 …………………………………………………………… 异翅亚目 Heteroptera
   前翅质地均一，膜质或革质…………………………………………………………… 2
2. 喙被前胸侧板形成的鞘所包 ………………………………………… 鞘喙亚目 Coleorrhyncha
   喙不被前胸侧板形成的鞘所包………………………………………………………… 3
3. 喙着生于前足基节之间或更后 …………………………………… 胸喙亚目 Sternorrthyncha
   喙着生点在前足基节以前……………………………………………………………… 4

4. 前翅基部有肩板；触角着生在复眼之间 ……………………………………………………………………
…………………………………… 蜡蝉亚目 Fulgororrhuncha=原喙亚目 Archaeorrthyncha
前翅基部无肩板；触角着生在复眼下方 ……………………………………………………………………
…………………………………………… 蝉亚目 Cicadorrhyncha=盾喙亚目 Clypeorrhyncha

半翅目胸喙亚目分次目和总科检索表

1. 跗节 2 节，同样发达；雌、雄均有翅……………………………………………………………… 2
跗节 1 节，如 2 节，则第 1 节很小；雌虫无翅，或有无翅世代 …………………………… 3
2. 前翅翅脉先 3 分支，每支再 2 分支；触角 10 节；复眼不分群（木虱次目 Psyllomorpha）
…………………………………………………………………………………… 木虱总科 Psylloidea
前翅只有 3 条脉，合在短的主干上；复眼的小眼分上下两群（粉虱次目 Aleyromorpha）
……………………………………………………………………………… 粉虱总科 Aleyrodoidea
3. 触角 3~6 节，有明显的感觉孔；爪 2 个，第 1 节很小；如有翅则 2 对；腹部常有腹管（蚜次目 Aphidomorpha） ……………………………………………………………………………… 4
触角节数不定，无明显的感觉孔；爪 1 个；雄虫有翅 1 对，后翅变为平衡棒；腹部无腹管（蚧次目 Coccomorpha） ………………………………………………………………………… 5
4. 孤雌蚜与性蚜都卵生；前翅只有 3 斜脉；无翅蚜及幼蚜复眼只有 3 小眼面；触角 3 节或退化；头部与胸部之和大于腹部；尾片半月形，腹管缺。气门位于腹部第 1~6、1~5 或只在第 1 节；有或无产卵器 ……………………………………………… 球蚜总科 Adelgoidea
孤雌蚜伪胎生（玻片标本透过体壁可见到胚胎），性蚜卵生；前翅有 4 条斜脉；无翅蚜复眼多小眼面或 3 小眼面；触角 4~6 节，如果只 3 节，则尾片烧瓶状；头部与胸部之和不大于腹部；尾片各种形状，腹管有或缺；气门位于腹部第 1~7 或第 2~5 节；产卵器缩小为被毛的隆起 ……………………………………………………………… 蚜总科 Aphidoidea
5. 雌虫腹部有气门，通常无管状腺；雄虫有复眼 ……………………… 旌蚧总科 Orthezioidea
雌虫腹部无气门，通常有管状腺；雄虫无复眼 ………………………… 蚧总科 Coccoidea

半翅目异翅亚目分科检索表

（检索表中打“*”的科表示在我国目前尚无记录）

1. 头部中央横缢，明显分为二叶，单眼存在时，位于后叶上；前胸腹面无具密横纹的纵沟；前足跗节多数 1 节，少数 2 节；前足胫节压扁，向端渐宽；前翅质地均一，不成明显的半鞘翅，无爪片缝；复眼有时退化或缺；陆生………………………………………………… 2
头部中央多无横缢，不分为二叶（如有横缢时，则前胸腹面具纵沟，上有密横纹） …… 3
2. 阳茎侧突可以活动，与阳茎相关接；产卵器一般明显；长翅型的前翅常有一短的前缘裂
…………………………………………………………………… 迷蝽科 Aenictopecheidae *
阳茎侧突不能活动；产卵器退化，或缺；长翅型的前翅无前缘裂 ……………………

…………………………………………………………………… 奇蝽科 Enicocephalidae

3. 前翅缺爪片缝；不成典型的半鞘翅，前半虽有所加厚，但与端部的膜质部分界限不明显；体至少部分被成层的拒水毛；可在水面爬动或划行…………………………… 4
前翅具爪片缝；多成典型的半鞘翅；陆生或在水中生活；部分种类体被成层的拒水毛，但不能在水面生活和活动 ……………………………………………………… 14
4. 翅发达（长翅型）………………………………………………………………… 5
无翅或短翅型……………………………………………………………………… 9
5. 小盾片明显外露…………………………………………………………………… 6
小盾片被后伸的前胸背板叶遮盖，外表不可见…………………………………… 7
6. 小颊发达，包围喙的基部；跗节 2 节，第 1 节极短 …………… 膜翅蝽科（部分）Hebridae
小颊较不发达，不包围喙的基部；跗节 3 节 ……………………… 水蝽科（部分）Mesoveliidae
7. 爪着生于跗节末端上；头明显伸长，眼后部分长于眼的直径；前翅有 3 个封闭的室 ……
…………………………………………………………… 尺蝽科（部分）Hydrometridae
爪着生于跗节端部不到最末端处…………………………………………………… 8
8. 头部背面中央有一明显的纵凹纹；后足腿节常粗于中足腿节；雄前足胫节常具由短刺组成的栉状构造……………………………………………………… 宽肩蝽科（部分）Veliidae
头部背面无纵凹纹；后足腿节常细于中足腿节；雄前足胫节无上述栉状构造 …………
…………………………………………………………………………… 黾蝽科 Gerridae
9. 腹部背面第 3、4 节背板之间无臭腺孔…………………………………………… 10
腹部背面第 3、4 节背板之间具臭腺孔…………………………………………… 11
10. 头很长，长为宽的 3 倍以上，眼远离头的后缘 ………………… 尺蝽科（部分）Hydrometridae
头长至多为宽的 3 倍，眼接近或接触头的后缘 ………………… 宽肩蝽科（部分）Veliidae
11. 前胸背板极短，中胸和后胸背面均外露………………………………………… 12
前胸背板较长，至少遮盖中胸…………………………………………………… 13
12. 头长于宽，前伸；爪着生于跗节的末端 ………………………… 水蝽科（部分）Mesoveliidae
头长度小于宽度，半垂直；前足爪着后于跗节之前，中、后足的爪着生于跗节端部不到最末端处 …………………………………………………… 海蝽科 Hermatobatidae *
13. 跗节 2 节 ……………………………………………………… 膜翅蝽科（部分）Hebridae
跗节 3 节；头的眼后部分明显伸长 …………………………… 尺蝽科（部分）Hydrometridae
14. 触角短于头部，多少折叠隐于眼下；除蜍蝽科外，位于一凹陷或凹沟中，一般由背面看不到或只能看到最末端；大部为水生，部分科生活于岸边陆地上…………………… 15
触角一般长于头部，暴露于外，不隐于眼下的沟中；陆生…………………………… 24
15. 下唇宽三角形，短，不分节（即只有一节）。前足跗节不分节（成一节状），有时与胫节愈合，匙状，具长缘毛；头部后缘遮盖前胸；前胸与翅明显地具黑色虎斑状横纹…………
…………………………………………………………………………… 划蝽科 Corixidae
下唇较狭长，分节；前足跗节 1 至数节，但无长缘毛；头部后缘不遮盖前胸………… 16
16. 腹部末端具成对的呼吸突…………………………………………………………… 17
腹部末端无呼吸突…………………………………………………………………… 18

17. 呼吸突长短不一，常极长，成细管状，但不能伸缩；跗节 1 节；后足胫节一般，不成游泳足；后足基节可自由活动 …………………………………………………… 蝎蝽科 Nepidae
    呼吸突短，可伸缩，常只末端外露；跗节 2~3 节，前足跗节有时 1 节；后足胫节扁，具游泳毛；后足基节与后胸侧板接合紧密，不能活动 …………… 负子蝽科 Belostomatidae
18. 有单眼（如缺或不发达，则头横宽，复眼多少呈具柄状）；足为步行式；岸边陆地生活 ……………………………………………………………………………………………… 19
    无单眼；复眼不成具柄状；中、后足扁，具游泳毛；水生 ………………………………… 20
19. 触角较长，丝状，背面观部分可见；眼不成具柄状；足步行式；小盾片平 ……………… ……………………………………………………………………………… 蜍蝽科 Ochteridae
    触角粗短，藏于眼及前胸下方；眼多少呈具柄状；前足腿节极为粗大…………………… ……………………………………………………………………… 蟾蝽科 Gelastocoridae
20. 身体背面平坦或略隆起；头与前胸不愈合；前足成明显的捕捉足 ……………………… 21
    身体背面强烈隆起，成船形或屋顶状；如平坦，则头与前胸背板愈合，二者之间的缝线不完全；前足不成捕捉足 ……………………………………………………………… 22
21. 触角长，伸出于头的侧缘之外；喙细长，伸达中胸腹板以远；头较狭长，远伸过眼的前缘；前足跗节 3 节；爪 2 枚，发达 …………………………………… 盖蝽科 Aphelocheiridae
    触角短，不伸出于头的侧缘之外；喙粗短，不伸过前胸腹板；头常横列，头的末端只略伸过眼前缘的水平位置；前足跗节 2 节或 1 节；爪 0~2 枚，小型 …… 潜蝽科 Naucoridae
22. 体较狭长，体长多在 4.0 mm 以上；眼大；头顶窄；后足长大，明显长于中、后足，桨状；后足爪退化，不明显；头与前胸不愈合 ………………………… 仰蝽科 Notonectidae
    体较宽短，卵圆形，体长在 4.0 mm 以下；眼小型或中型；头顶宽；后足不成桨状；常有 2 爪；头与前胸紧密愈合，相互不能活动 ………………………………………………… 23
23. 头与前胸背板之间的界线直或略成简单的弧形；触角 3 节 ……………… 固蝽科 Pleidae
    头与前胸背板之间的界线多有两个明显的凹弯；触角 2 节或不分节（1 节）……………… ……………………………………………………………………… 蚤蝽科 Helotrephidae
24. 腹部第 3~7 节腹板每节各侧常具 2 或 3 个毛点（trichobothria）（包括其上的毛点毛）；各爪下方有一长形肉质的爪垫（pulvillus）着生于靠近爪的基部处 …… 扁蝽科（部分）Aradidae
    腹节腹板具毛点，或仅在中线两侧有一根类似毛点毛的刚毛；爪下有爪垫或无……… 25
25. 触角第 1、2 两节短，长度近相等；第 3、4 两节极细长，被有直立长毛，毛的长度远大于该触角节的直径；体小，体长多在 2.5 mm 以下 ………………………………………… 26
    触角不若上述；触角第 2 节常长于第 1 节，部分类群中第 1、2 两节短且长度近等（网蝽科中多见），但第 3、4 节不具长过触角节直径很多的直立毛被……………………… 30
26. 前胸背板具 3 条纵脊；身体略呈网蝽形，前翅具 10 个左右大型网格纹 ……………… ……………………………………………………………… 络蝽科 Hypsipterygidae *
    前胸背板无纵脊………………………………………………………………………………… 27
27. 侧面观前胸前侧片窄，不特别发达，也不向前延伸；前胸后侧片大；基节臼裂（coxalcleft）极短，几不能辨；前翅具前缘裂（costalfracture）（短翅型除外）………………… 28
    侧面观前侧片宽大发达，向前延伸达于复眼下方；基节臼裂长；前翅前缘裂有或无……

………………………………………………………………………………………… 29

28. 前翅前缘裂短，只切断前翅的前方边缘；后胸侧板无臭腺挥发域；雄虫腹部及外生殖器对称或不对称 ……………………………………… 栉蝽科(部分)Ceratocombidae
前翅前缘裂长，约达于翅宽的一半处；后胸侧板有臭腺挥发域；雄虫腹部及外生殖器均不对称 ………………………………………………… 鞭蝽科 Dipsocoridae
29. 前翅鞘质；外观似甲虫；头平伸；雄虫外生殖器对称；后足基节内侧下方无附着垫……
……………………………………………………… 栉蝽科(部分)Ceratocombidae
前翅一般，部分种类为革质或鞘质；雄虫腹部及外生殖器均为两侧对称；后足基节内侧下方有附着垫；前翅一般无前缘裂，或只切断前翅的前方边缘……………………
……………………………………………………… 毛角蝽科 Schizopteridae
30. 爪下有爪垫或无；如有爪垫，则爪垫的大部分附着于爪，只端部游离；跗节多数为 3 节，少数 2 节；翅遮盖侧接缘(部分猎蝽科例外) ……………………………… 31
爪下有较长的爪垫，只基部附着于爪，大部分游离；跗节 2 节；侧接缘外露；身体极为扁平 ……………………………………………………… 扁蝽科(部分)Aradidae
31. 前翅膜片有 3~5 个封闭的翅室，没有任何翅脉从这些翅室的后缘伸出 ……………… 32
前翅膜片多数具 1~2 个翅室，如翅室多于 2 个，则可有翅脉由翅室后缘伸出 ……… 35
32. 下唇长，逐渐尖细，伸达后足基节基部或超过之…………………………………… 33
下唇短，最多只伸达前足基节末端 ……………………… 细蝽科 Leptopodomorpha
33. 复眼大，侧面观几占据整个头部；前翅遮盖腹部……………………………………… 34
复眼小，侧面观只占据头部的一小部分；翅强烈退化，成瓣状，分辨不出翅脉，只遮盖腹部的前端部分 ……………………………………… 滨蝽科 Aepophilidae *
34. 复眼向后达于前胸背板领的水平位置或略后；体长超过 2.2 mm ……… 跳蝽科 Saldidae
复眼向后伸达前胸背板前 1/3 长度的水平位置，明显伸过领的后面。体小，体长小于 2.0 mm ……………………………………………………… 涯蝽科 Omaniidae *
35. 下唇明显 4 节，第 1 节至少几乎伸达头后缘。足无海绵窝(fossulaspongiosa) ………… 36
下唇 3 节或 4 节，如为 4 节，则第 1 节不达头的后缘。一对或数对足上具海绵窝………
……………………………………………………… 猎蝽科(部分)Reduviidae
36. 前胸背板及前翅表面全部密布小网格状脊纹。前翅质地均一，不具膜质部分。雄虫生殖节左右不对称，左右抱器同形 ……………………………… 网蝽科 Tingidae
前胸背板及前翅表面不若上述(有时因具深刻点而外观与脊纹类似，需注意分辨)。前翅分区“正常”。雄虫生殖节左右不对称，左右抱器不同形 ……………………… 37
37. 前胸腹板具纵沟，沟表面常有密横棱(摩擦发音器)。喙多数短而粗壮，弯曲，有时可较细直。头基部常细缢成颈状，单眼前方常有一横走凹痕。前翅膜片常有 2 个大室………
……………………………………………………… 猎蝽科(部分)Reduviidae
前胸腹板无具密横棱的纵沟；头在复眼后方不成颈状，单眼前方无横走凹痕；前翅膜片脉相多样………………………………………………………………………… 38
38. 触角视若 5 节……………………………………………………………………… 39
触角 4 节……………………………………………………………………………… 40

39. 小盾片侧方有 1~7 对毛点；前翅膜片脉序中有一棒状短脉(stub)，在膜片腹面易于分辨 ……………………………………………………… 姬蝽科 Nabidae 花姬蝽亚科 Prostemmatinae
小盾片侧方无毛点；前翅膜片无棒状短脉 ……………………… 粗股蝽科 Pachynomidae *
40. 翅正常，短翅型个体中前翅或多或少仍可明显分辨；不吸食哺乳动物血液，亦不营体外寄生生活……………………………………………………………………………………… 41
翅极退化，前翅全缺，或成小瓣状，几不能辨；吸食哺乳动物血液，或营体外寄生生活 ……………………………………………………………………………………………… 48
41. 前翅具楔片………………………………………………………………………………… 42
前翅无楔片 ……………………………………………………………………… 姬蝽科 Nabidae
42. 体长 10~15 mm；前翅外革片宽阔，明显扩展；前翅膜片翅室端部有一些短脉发出；喙最后第 2 节长于其他各节之和 ……………………………………… 捷蝽科 Velocipedidae
体长常在 4 mm 以下；前翅外革片不异常扩展；前翅膜片翅室端部处无短脉发出；喙最后第 2 节一般不长于其他各节之和……………………………………………………………… 43
43. 前翅膜片有一由粗脉组成的翅室，室后角有一棒状短脉；各足跗节均为 2 节…………… ……………………………………………………………………………… 驼蝽科 Microphysidae
前翅膜片脉弱，常只隐约可见；如有棒状短脉，则均靠近革片后缘；跗节数多样…… 44
44. 生活于蛛网或纺足目的丝网上；雄虫左右抱器同形或几乎同形…………………………… …………………………………………………………………………… 丝蝽科 Plokiophilidae *
不生活于蛛网或纺足目的丝网上；多为自由生活………………………………………… 45
45. 不生活于蛛网或纺足目的丝网上，雄虫左右抱器强烈不同形，左右抱器高度退化或缺… ……………………………………………………………………………………………… 46
多为自由生活，由体背面一般能够看到足的某些部分………………………………… 49
46. 臭腺沟缘向后弯曲或直接指向后方；不达于后胸侧板后缘，亦不延伸成脊；授精方式正常 ……………………………………………………………… 毛唇花蝽科 Lasiochilidae
臭腺沟缘向前弯、或直、或向后弯，然后向前延伸成一脊；授精方式为血腔授精…… 47
47. 雄虫生殖节两侧各有 1 个阳基侧突；雌虫腹部第 7 腹部前缘中部有 1 个内突；臭腺沟缘向前呈折角状弯曲，延伸成一脊伸达后胸侧板前缘 …………… 细角花蝽科 Lyctocoridae
雄虫生殖节仅左侧有 1 个阳基侧突；雌虫腹部第 7 腹部前缘中无内突；臭腺沟缘向前弯、或直、或向后弯，向前延伸成一脊 ……………………………………… 花蝽科 Anthocoridae
48. 各足跗节均为 3 节；前翅成小瓣片状；有复眼 ……………………… 臭虫科 Cimicidae
中、后足跗节为 4 节；前翅完全消失；无复眼；蝙蝠体外寄生 …… 寄蝽科 Polyctenidae
49. 体扁平，卵圆形，片状；足由背面完全看不见；生活于白蚁巢中………………………… …………………………………………………………………………… 螱蝽科 Termitiphilidae
由背面一般能够看到足的某些部分；多为自由生活………………………………………… 50
50. 触角 5 节………………………………………………………………………………… 51
触角 4 节………………………………………………………………………………… 58
51. 跗节 2 节………………………………………………………………………………… 52
跗节 3 节(个别土栖的土蝽科种类跗节强烈变形为 1 节) ……………………………… 54

52. 前翅在革片与膜片交界处折弯，几乎完全隐于极发达的小盾片下；腹部各节腹板每侧有一黑色横走凹痕 ………………………………………………………… 龟蝽科 Plataspidae
前翅不折弯；腹部各节腹板侧方无黑色横走凹痕 ……………………………………… 53
53. 中胸腹板常具有侧扁的显著中脊，多隆起很高，龙骨状；雄虫第 8 腹节大，外露………………………………………………………………………………… 同蝽科 Acanthosomatidae
中胸腹板无中脊；雄虫第 8 腹节较小，大部或全部不外露 …… 蝽科(部分)Pentatomidae
54. 胫节具粗棘刺形成的刺列 ………………………………………… 土蝽科(部分)Cydnidae
胫节刺一般，不成粗棘状 ……………………………………………………………… 55
55. 小盾片极宽大，长几乎达腹部末端 ……………………………… 盾蝽科 Scutelleridae
小盾片多为三角形，远不达腹部末端 …………………………………………………… 56
56. 腹部第 2 节腹板(=第 1 个可见的腹节腹板)上的气门完全或部分暴露在外，未被后胸侧板所全部遮盖 ……………………………………………… 荔蝽科(部分)Tessaratomidae
腹部第 1 可见腹节腹板上的气门被后胸侧板完全遮盖 ……………………………… 57
57. 单眼相互靠近，常相接触；触角着生于头的侧缘上；爪片向端渐细，成三角形，左右二爪片末端相遇处极短小，不成一条明显的爪片结合缝 ………………… 异蝽科 Urostylidae
单眼相互远离；触角着生于头的腹方；爪片四边形；爪片结合缝明显……………………………………………………………………………………………… 蝽科(部分)Pentatomidae
58. 唇基前缘具 4~5 根粗刺或棘，胫节具棘状粗刺列 ……………… 土蝽科(部分)Cydnidae
唇基前缘不具粗刺列；胫节亦不具棘状粗刺列 ………………………………………… 59
59. 跗节 2 节；前翅具深大刻点，致使近似网格状 ………………………… 皮蝽科 Piesmidae
跗节 3 节；前翅不若上述 ……………………………………………………………… 60
60. 无单眼 ………………………………………………………………………………… 61
有单眼 ………………………………………………………………………………… 62
61. 前胸背板侧缘薄边状，略向上反卷；雌虫第 7 腹板完整 ………… 红蝽科 Pyrrhocoridae
前胸背板侧缘不向上反卷；雌虫第 7 腹板裂为左右两半 ……………… 大红蝽科 Largidae
62. 前翅膜片具 6 条以上的纵脉，并可有一些分支 ……………………………………… 63
前翅膜片最多具 4~5 条纵脉 …………………………………………………………… 68
63. 后胸侧板臭脉沟缘强烈退化或全缺 ……………………………… 姬缘蝽科 Rhopalidae
后胸侧板臭腺沟缘明显 ………………………………………………………………… 64
64. 小颊短小，后端不伸过触角着生处；体狭长 ………………………………………… 65
小颊较长，后端伸过触角着生处；体形各异，但狭长者较少 …………… 缘蝽科 Coreidae
65. 体形一般较为宽短，椭圆形；第 3~7 腹节腹板在气门后有 2 个毛点 ……………… 66
体较狭长；第 3~7 腹节腹板在气门后有 3 个毛点 …………………………………… 67
66. 前翅膜片脉序网状 ………………………………………………… 兜蝽科 Dinidoridae
前翅膜片脉序不成明显的网状 ………………………… 荔蝽科(部分)Tessaratomidae
67. 眼间距宽于小盾片前缘；雌虫产卵器片状 ………………………… 蛛缘蝽科 Alydidae
眼间距狭于小盾片前缘；雌虫产卵器锥状 ………………………… 狭蝽科 Stenocephalidae
68. 腹部第 5~7 节的侧接缘向两侧扩展成明显的叶状突起，其边缘具锯齿 ………………

…………………………………………………………………………………… 束长蝽科 Malcidae

腹部第 5~7 节侧接缘正常，两侧不具明显的叶状突 ……………………………………… 69

69. 雌虫产卵器片状，第 7 腹节腹板完整，不裂成左右两半；体狭长，束腰状；头横宽……

…………………………………………………………………………… 束蝽科 Colobathristidae

雌虫产卵器锥状，第 7 腹板或多或少在中央分割……………………………………… 70

70. 足明显细长，腿节末端明显加粗；触角膝状；后胸侧板上的臭腺沟缘明显伸长，并游离于侧板之外；体明显狭长 ………………………………………………… 跷蝽科 Berytidae

腿节末端不加粗；触角不成膝状；后胸侧板上的臭腺沟缘不特别伸长，亦不游离于侧板之外；体形多样 ……………………………………………………… 长蝽科 Lygaeidae

鞘翅目分亚目和总科检索表

1. 后足基节固定在后胸腹板上，不能活动，第 1 可见腹板被后足基节窝完全划分开；前胸背侧缝明显(肉食亚目 Adephaga) ………………………………… 步甲总科 Caraboidea

后足基节很少固定在后胸腹板上，第 1 可见腹板不被后足基节窝完全划分开；前胸很少有背侧缝……………………………………………………………………………………… 2

2. 后翅有小纵室；后足基节常与后胸腹板愈合………………………………………………… 3

后翅无小纵室；后足基节可动，不与后胸腹板愈合(多食亚目 Polyphaga) ……………… 4

3. 触角丝状；后翅边缘不具长毛，翅脉发达，休息时翅端螺旋状卷折；幼虫蛀木(原鞘亚目 Archostemata) ……………………………………………………… 长扁甲总科 Cupedoidea

触角棒状；后翅边缘具长毛，翅脉退化，休息时翅端卷折；幼虫水生(菌食亚目 Myxophaga) ……………………………………………………………… 球甲总科 Sphaerioidea

4. 头延伸成喙状；外咽缝愈合或消失 ………………………………… 象甲总科 Curculionoidea

头不延伸成喙状；2 条外咽缝明显 ……………………………………………………… 5

5. 触角鳃叶状，端部 3~7 节向一侧延伸膨大成栉状或叶片状，常能开合(鳃角组 Lamellicornia) ………………………………………………………… 金龟甲总科 Scarabaeoidea

触角不呈鳃叶状……………………………………………………………………………… 6

6. 跗节 5 节，第 4 节极小，呈拟 4 节(植食组 Phytophaga) …………………………………

……………………………………………………………………… 叶甲总科 Chrysomeloidea

跗节 4 或 5 节，绝不呈拟 4 节……………………………………………………………… 7

7. 下颚须几乎总是等于或长于触角，触角棒状具绒毛；头部具丫形缝；中胸腹板具中脊突；水生腐食性(须角组 Palpicornia) ……………………… 水龟甲总科 Hydrophiloidea

下颚须明显短于触角………………………………………………………………………… 8

8. 鞘翅极短，末端横截，腹末数节露出(短鞘组 Brachelytra)；腹部露出 2~3 节

……………………………………………………………… 隐翅甲总科 Staphylinoidea

鞘翅盖住腹部大部分，若短则柔软，末端不横截，或腹部露出不多于 2 节……………… 9

9. 触角呈各种形状，端部节一般不膨大如锤(多型组 Polyformia) ………………………… 10

触角锤状，末端几节多少膨大(锤角组 Clavicornia) ………………………………… 17

10. 前胸腹板具向后延伸的突起；嵌在中胸腹板上 ………………………………………………… 11
    前胸腹板无向后延伸呈突起 ………………………………………………………………… 12
11. 后胸腹板有1条横沟；前胸固定不能活动，腹板突扁平；第1、2腹板间缝不明显；幼虫钻蛀树木 ……………………………………………………… 吉丁甲总科 Buprestoidea
    后胸腹板无横沟；前胸能活动，腹板突刺状，第1、2腹板间缝明显 ……………………………………………………………… 叩头甲总科 Elateroidea
12. 前胸腹板7、8节；鞘翅柔软，体狭长或具发光器 ……………………………………………………………… 花萤总科 Cantharoidea
    可见腹板不多于6节；鞘翅较坚硬 ………………………………………………………… 13
13. 触角羽状或扇状，分支比触角节长；中垫大而具毛；前足基节左右相接；腹板6节 ……………………………………………………………… 羽角甲总科 Rhipiceroidea
    触角不如上述；中垫小或无 ………………………………………………………………… 14
14. 后足基节扩大或片状，常盖住腿节，若不明显，则触角末端3节特别长 ……………… 15
    后足基节不呈片状扩大 …………………………………………………………………… 16
15. 跗节最末1节长于其余各节之和，跗节下方很少呈瓣状 ……………………………………………………………… 泥甲总科 Dryopoidea
    跗节最末1节不长于其余各节之和，至少第4跗节下方呈瓣状 …… 花甲总科 Dascilloidea
16. 中垫小或无；后足基节多少圆锥形；体长形，鞘翅短，后翅脉纹放射状 ……………………………………………………………… 筒蠹总科 Lymexyloidea
    中垫大而多毛；后足基节扁平 ……………………………………… 郭公甲总科 Cleroidea
17. 体扁平，背面平板状，两侧平行，或跗节5-5-4 ……………………………………………………………… 扁甲总科 Cucujoidea
    体不如上述，3对足跗节数相同 …………………………………………………………… 18
18. 后足基节不扩大为瓣状；前足基节球形或锥形突出 ……………………………………………………………… 长蠹总科 Bostrychoidea
    后足基节扩大为瓣状，盖住腿节 …………………………………………………………… 19
19. 前足基节圆锥形，显著突出；后足基节呈板状并具容纳腿节的沟；常有1个单眼 ……………………………………………………………… 皮蠹总科 Dermestoidea
    前足基节横形，稍圆筒状；后足基节和胫节分别具沟接纳腿节和跗节；无单眼 ……………………………………………………………… 丸甲总科 Byrrhoidea

鳞翅目分亚目、次目检索表

1. 上颚发达，下颚内颚叶发达，外颚叶不形成喙 ……………………………………………… 2
   上颚退化，下颚内颚叶退化，外颚叶形成喙（有喙亚目 Glossata） ………………………… 4
2. 无单眼和毛隆；雌外生殖器具前、后表皮突 ………………………… 无喙亚目 Aglossata
   有单眼和毛隆；雌外生殖器无前、后表皮突 ………………………………………………… 3
3. 亚前缘脉 Sc 至径脉 R 间有横脉相连；触角无叶状感觉器 …………… 轭翅亚目 Zeugloptera

亚前缘脉 Sc 至径脉 R 间横脉消失；触角有叶状感觉器 ………… 异蛾亚目 Heterobathiina

4. 前后翅脉序相似，常有翅轭…………………………………………………………………… 5

前后翅脉序不同，后翅翅脉减少，Sc 与 R 合并，Rs 不分支 ……………………………… 8

5. 前翅无翅轭；雌第 7、8 腹节腹面有 1 盲囊，产卵器钝，锉刀状……………………………
……………………………………………………………………… 新顶次亚目 Neopseustina

前翅具翅轭或翅扣…………………………………………………………………………… 6

6. 雌性生殖孔 2 个，位于第 9 腹节，无表皮突；前翅具 1 发达的小肩脉和 1 长翅轭，后翅无前缘刺 ………………………………………………………………… 外孔次亚目 Exoporia

雌性生殖孔 1 个，有表皮突；前翅具翅扣，后翅有一些前缘刺………………………………… 7

7. 有单眼，下颚须 5 节 ……………………………………………… 毛顶次亚目 Dacnonypha

无单眼，下颚须 4 节 ……………………………………………… 冠顶次亚目 Lophocorona

8. 雌性生殖孔 1 个；前翅有翅扣 …………………………………… 异脉次亚目 Heteroneura

雌性生殖孔 2 个，分别位于第 8、9 腹节腹板上；前翅无翅扣或翅轭………………………
……………………………………………………………………… 双孔次亚目 Ditrysia

鳞翅目双孔次亚目和总科检索表

1. 触角棒状…………………………………………………………………………………… 2

触角丝状、栉状或羽状等…………………………………………………………………… 4

2. 有强翅缰，无毛隆，但常有单眼；前翅中室内有 M 主干，Cu_2 发达；后翅 Cu_2 弱或消失；仅蝶蛾科 Castniidae。分布于美洲热带地区、东洋区和大洋洲区 …… 蝶蛾总科 Castnioidea

无翅缰和单眼，有毛隆………………………………………………………………………… 3

3. 头大，额和头顶宽远大于长；触角末端有钩，基部远离，着生近眼缘；前翅所有 R 和 M 均单独从中室分出 ………………………………………………… 弄蝶总科 Hesperioidea

头小，额和头宽不大于长；触角末端无钩，基部接近；前翅 R 脉一或多支共柄或愈合
……………………………………………………………………… 凤蝶总科 Papilionoidea

4. 翅通常裂为 2 至多片……………………………………………………………………… 5

翅完整，有时退化…………………………………………………………………………… 6

5. 翅裂成 2~4 片 ……………………………………………………… 羽蛾总科 Pterophoroidea

翅裂成 6~7 片 ……………………………………… 翼蛾总科 Aluctoidea(翼蛾科 Aluctidae)

6. 后翅 $Sc+R_1$ 与 Rs 在中室外靠近或部分愈合 ……………………… 螟蛾总科 Pyraloidea

后翅 $Sc+R_1$ 与 Rs 在中室外分歧 ……………………………………………………… 7

7. 有鼓膜听器………………………………………………………………………………… 8

无鼓膜听器…………………………………………………………………………………… 9

8. 鼓膜听器在后胸 ……………………………………………………… 夜蛾总科 Noctuoidea

鼓膜听器在腹部第 1、2 或 7 …………………………………………… 尺蛾总科 Geometroidea

9. 喙基部有鳞片 ……………………………………………………………………………… 10

喙基部无鳞片 ……………………………………………………………………………… 11

10. 翅窄至中等宽，中室内 M 主干常消失，Cu_2 弱，腹部背面有刺……………………………

…………………………………………………………………… 麦蛾总科 Gelechioidea

翅较宽，前翅端部近截形，常有泛金属光泽的鳞斑或区域，Cu_2 存在 ……………………

…………………………………………………… 透翅蛾总科 Sesioidea(雕翅蛾科 Choreutidae)

11. 翅面大部分或局部缺鳞片 ……………………………………………… 透翅蛾总科 Sesioidea

翅面全被鳞片…………………………………………………………………………………… 12

12. 体中至大型，纺锤形，触角棱柱形或弱栉状，向端部膨大，末端尖，常呈钩状；翅三角形，前翅长、窄，Sc 和 R 脉集中于近前缘 ……………………… 天蛾总科 Sphingoidea

不如上述………………………………………………………………………………………… 13

13. 前、后翅中室内 M 主干中等或十分发达 ………………………………………………… 14

前、后翅中室内 M 主干在一或二翅中弱或消失 ………………………………………… 16

14. 中大型蛾，下颚须短或消失，口器常退化…………………………………………………… 15

小蛾类，下颚须常十分发达；触角柄节有时膨大形成眼罩；Cu_2 脉存在 …………………

……………………………………………………………………… 谷蛾总科 Tineoidea(部分)

15. 无毛隆，前翅常有副室，中室内 M 主干常分叉 …………………………………………

……………………………………………………………………………… 木蠹蛾总科 Cossoidea

毛隆有或无，前翅无副室，中室内 M 主干不分叉 …………………………………………

……………………………………………………………………………… 斑蛾总科 Zygaenoidea

16. 下颚须发达………………………………………………………………………………… 17

下颚须极小、退化或缺如…………………………………………………………………… 18

17. 下唇须第 3 节短小，前翅 R_5 常伸到前缘，触角柄节有时形成眼罩 …………………

…………………………………………………………………………………… 谷蛾总科 Tineoidea

下唇须第 3 节细长，前翅 R_5 脉常伸到外缘，触角柄节常有栉毛 ………………………

………………………………………………………………………… 巢蛾总科 Yponomeutoidea

18. 有毛隆……………………………………………………………………………………… 19

无毛隆……………………………………………………………………………………… 21

19. Cu_2 消失，后翅肩角略扩大，但常无肩脉，翅缰很小 …………………………………

……………………………………………………………………… 锚纹蛾总科 Calliduloidea

Cu_2 存在，翅缰相对发达 …………………………………………………………………… 20

20. 无单眼，翅阔，前翅外缘凸，仅伊蛾科 Immidae 1 科，分布澳大利亚和新几内亚 ………

…………………………………………………………………………… 伊蛾总科 Immoidea

常有单眼，翅阔，前翅长方形或梯形，外缘较平直，后翅缨毛短于翅宽…………………

……………………………………………………………………… 卷蛾总科 Tortricoidea

21. 小型蛾，翅中等宽，有时前翅有直立鳞族，后翅 Cu_{1a} 常有栉毛 …………………………

……………………………………………………………………… 翼蛾总科 Alucitoidea

翅阔，无直立鳞族，后翅 Cu_{1a} 无栉毛，肩区扩大，翅缰常退化或无 ………………… 22

22. 触角栉状至中央外，余短栉状或锯齿状；后翅 $Sc+R_1$ 与 Rs 在基部平行或短距离愈合，然后分歧，Cu_2 存在；仅包括栎蛾科 Mimallonidae，主要分布新热带区 ……………………

…………………………………………………………………… 栎蛾总科 Mimallonoidae

触角栉状，后翅 $Sc+R_1$ 通常与中室和 Rs 分歧，或仅以一横脉与中室相连，Cu_2 消失 …………………………………………………………………………………… 蚕蛾总科 Bombycoidea

双翅目分亚目和总科检索表

1. 触角 6 节或更多，若为 3 节则翅狭长，翅脉退化，边缘多缨状毛；下颚须 3~5 节（长角亚目 Nematocera）…………………………………………………………………… 2
   触角常为 3 节，鞭节仅 1 节；下颚须 2 节或无……………………………………… 5
2. 中胸背板有明显的 V 形缝；前翅 A 脉 2 条；体和足细长 …………… 大蚊总科 Tipuloidea
   中胸背板无 V 形缝，前翅 A 脉 1 条 ………………………………………………… 3
3. 单眼 3 个，若单眼消失则足基节长；前翅 Rs 不分或分 2 支；触角长而多节……………
   ……………………………………………………………………… 毛蚊总科 Bibionoidea
   无单眼或 2 单眼……………………………………………………………………… 4
4. 翅阔，M4 支；无横脉；体短，多毛，似小蛾类，或体长形，微小，翅狭长而密生缘毛，几无翅脉，触角 3 节……………………………………………… 毛蠓总科 Psychodoidea
   翅狭长，M 不多于 3 支，体细长 ………………………………………… 蚊总科 Culicoidea
5. 触角多种形状，有端刺；头部无额囊缝和新月片（短角亚目 Brachycera）………………… 6
   触角具芒状，第 2、3 节膨大，末节背面着生 1 支刚毛，为触角芒；头部常具额囊缝和新月片（环裂亚目 Cyclorrhapha）……………………………………………………… 8
6. 足有爪垫 2 个，中垫 1 个；体表无刚毛 ……………………………… 虻总科 Tabanoidea
   足只有 2 个爪垫，无中垫或仅有刚毛状爪间突；体表有或无刚毛…………………………… 7
7. Cu_2 和 2A 完整，Cu_2 向下弯曲并与 2A 在近翅缘相接………………… 食虫虻总科 Asiloidea
   Cu_2 短，与 2A 的基部或中部前相接，或 2 脉均退化、消失 ………………………………
   ……………………………………………………………………… 舞虻总科 Empidoidea
8. 无额囊缝与新月片；Cu_2 与 2A 的近端部相接（无缝组 Aschiza）………………………… 9
   有额囊缝与新月片；Cu_2 与 2A 的基部或中部相接（有缝组 Schizophora）……………… 11
9. 翅顶端尖，无横脉，Sc 末端游离，R_{2+3} 与 R_{4+5} 在近翅缘接近；触角第 3 节圆环状或球状，末端有 1 支长芒；无爪间突 ……………………………… 尖翅蝇总科 Lonchopteroidea
   翅脉与触角不如上述 ……………………………………………………………………… 10
10. 无翅或有翅而翅脉退化，仅前面有 2 条粗脉，后面有 3 条细的斜脉或 M 的分支基部不连接，无横脉 ……………………………………………………… 蚤蝇总科 Phoroidea
    翅宽阔，翅脉发达，具横脉 ………………………………………… 食蚜蝇总科 Syrphoidea
11. 下腋瓣发达；常有鬣；触角梗节背面有纵裂（有瓣类 Calypteratae） ……………………
    ……………………………………………………………………… 蝇总科 Muscoidea
    下腋瓣小或痕迹状（无瓣类 Acalypteratae）…………………………………………… 12
12. 喙细长，常长于头部 2 倍以上，口须退化；触角梗节常长于鞭节；M 末端与 R_{4+5} 接触，有 Sc-r 横脉，臀室长并达到或接近翅缘 ………………………… 眼蝇总科 Conopoidea
    喙常粗短，常不长于头部；梗节短于鞭节，若长于鞭节则无 Sc-r 横脉，臀室短于 M 的基

室(bm) …………………………………………………………………………………… 13

13. 触角第2节无纵裂；无下眼框鬃，上眼框鬃2支；翅前缘脉C在Sc末端折断 …………
…………………………………………………………………… 瘦腹蝇总科 Tanypezoidea

无上述综合特征………………………………………………………………………… 14

14. 触角第2节有纵裂；翅前缘在Sc末端处折断；雄虫有第8背板 ……………
…………………………………………………………………… 果蝇总科 Drosophiloidea

触角第2节不纵裂………………………………………………………………………… 15

15. 雄虫第6背板长为第5背板之半；翅前缘不折断，Sc完整；后顶鬃常分歧 ……………
…………………………………………………………………… 沼蝇总科 Sciomyzoidea

雄虫第5、6背板近等长；翅前缘折断或不折断 ………………………………………… 16

16. 无下眼框鬃，上眼框鬃2支 ……………………………………… 瘦足蝇总科 Tyloidea

有下眼框鬃；后顶鬃分歧………………………………………………………………… 17

17. 翅前缘折断……………………………………………………………………………… 18

翅前缘不折断或仅在Sc末端折断 ………………………………………………………… 19

18. 颜面中央凸，骨化，无鬣；Sc达到或几达前缘，末端不与R_1愈合；常无沟前背中鬃，若有则臀室外端锐角状 ……………………………………………… 实蝇总科 Tephritoidea

颜面中央凹，膜质，有鬣；Sc不达到前缘，末端与R_1愈合；有1或数支沟前背中鬃 …
…………………………………………………………………… 禾蝇总科 Opomyzoidea

19. Sc末端达到前缘并与R_1分离；单眼鬃粗壮；额前缘无亮黄色带 ……………………
…………………………………………………………………… 日蝇总科 Heleomyzoidea

Sc末端不达到前缘，常与R_1愈合；无单眼鬃，若有则额前缘有亮黄色带 ……………
…………………………………………………………………… 寡脉蝇总科 Asteioidea

膜翅目分亚目和总科检索表

1. 腹基部宽，与胸部广接，不收缩成腰；足的转节2节；后翅至少有3个完整的基室；多为植食性(广腰亚目 Symphyta) ……………………………………………………………… 2

腹基部缢缩，略呈柄状或长柄状，与胸部呈细腰状连接；后翅最多只有2个基室(细腰亚目 Apocrita) ……………………………………………………………………………… 7

2. 前足胫节有2端距……………………………………………………………………… 3

前足胫节只有1个端距…………………………………………………………………… 5

3. 前翅翅痣下有3个缘室；触角第3节很长，长于其他各节之和 ………………………
…………………………………………………………………… 长节蜂总科 Xyeloidea

前翅翅痣下只有2个缘室；触角第3节不长于其他各节之和…………………………… 4

4. 前胸背板后缘直或略凹 ……………………………………… 广背蜂总科 Megalodontoidea

前胸背板后缘向前深凹 …………………………………………… 叶蜂总科 Tenthredinoidea

5. 触角着生在复眼和唇基的下方，恰在口器的上方；前翅翅痣下只有1个缘室 …………
…………………………………………………………………… 尾蜂总科 Orussoidea

触角着生在复眼的中间，唇基的上方，即颜面中间；前翅翅痣下通常有2~3个缘室 …… 6

6. 前胸背板后缘向前深凹；腹部圆柱形；产卵器长 ……………………… 树蜂总科 Siricoidea
   前胸背板后缘直或向前略凹；腹部略侧扁；产卵器短 ………………… 茎蜂总科 Cephoidea
7. 后翅无臀叶，足的转节多为2节；产卵器多从腹末前伸出；寄生性(寄生部 Parasitica) ……………………………………………………………………………………………… 8
   后翅有臀叶；足的转节1节；产卵器呈螯刺状，不用时缩在体内，腹部末节腹板不纵裂(针尾部 Aculeata) …………………………………………………………………………… 16
8. 雌虫腹部末节腹板纵裂，产卵器从腹末前方生出………………………………………… 9
   雌虫腹部末节腹板不纵裂，产卵器自腹部末端伸出 ……………………………………… 14
9. 触角膝状；前胸背板不达翅基片；前翅翅脉很退化，通常有一短的线状翅脉(痣脉)，缺缘室 ……………………………………………………………………… 小蜂总科 Chalcidoidea
   触角非膝状，前胸背板向后延伸达翅基片 ……………………………………………… 10
10. 前翅无翅痣；足转节常仅1节；部分种的幼虫在植物上造成虫瘿……………………………………………………………………………………………… 瘿蜂总科 Cynipoidea
    前翅有翅痣，足转节2节；幼虫寄生性………………………………………………… 11
11. 雌虫腹部末端稍呈钩状弯曲，产卵器针状，很少外露；上颚大，齿左3右4 ………………………………………………………………………… 钩腹蜂总科 Trigonaloidea
    雌虫腹末不呈钩状弯曲，产卵器发达………………………………………………… 12
12. 腹部着生在并胸腹节背面，远在后足基节上方；触角13~14节 ………………………………………………………………………………………… 旗腹蜂总科 Evanioidea
    腹部常着生在并胸腹节下面，位于后足基节之间或稍上方；触角多在16节以上 …… 13
13. 前缘脉与亚前缘脉分开，有一狭长的前缘室；复眼下有一短斜的窝，休息时接纳触角基部 ………………………………………………………………… 巨蜂总科(Megalyroidea)
    前缘脉与亚前缘脉会合，无前缘室；复眼下无短斜的窝……………………………………………………………………………………………… 姬蜂总科 Ichneumonoidea
14. 后足跗节第1节远短于第2节腹部很长，雌虫的各节大致相等，雄虫的棒状；第1腹节与头胸部之和等长；雌虫无螯针；大型，体长雌虫50~60 mm，雄虫15~22 mm ………………………………………………………………………… 长腹蜂总科 Pelecinoidea
    后足跗节第1节稍长于第2节；腹部和腹部第1节均短……………………………… 15
15. 前足胫节只有1距；小盾片无横沟，如有三角片，则与小盾片主要表面不在同一水平上 ………………………………………………………………… 细蜂总科 Proctotrupoidea
    前足胫节有2距；小盾片通常有横沟，并有三角片，与主要表面在同一水平上 ……………………………………………………………… 分盾细蜂总科 Ceraphronoidea
16. 腹部第1节或第1、2节呈结节状 ……………………………………… 蚁总科 Formicoidea
    腹部第1节、第2节不呈结节状………………………………………………………… 17
17. 前足腿节膨大，呈棍棒状；雌虫常无翅，雄虫后翅无翅脉……………………………………………………………………………………………… 肿腿蜂总科 Bethyloidea
    前足腿节正常；后翅有脉纹…………………………………………………………… 18

18. 腹部能弯转和胸部相接触；腹部可见背板 3~5 节；颜色美丽有金属光泽 ……………………………………………………………………………………………… 青蜂总科 Chrysidoidea
    腹部不能折到胸部下；腹部可见背板 6 节以上 ………………………………………………… 19
19. 前胸背板与翅基片相接触 ………………………………………………………………………… 20
    前胸背板不与翅基片相接触 ……………………………………………………………………… 22
20. 前翅第 1 盘室比亚中室长得多；休息时前翅通常纵褶 ……………………………………………………………………………………………… 胡蜂总科 Vespoidea
    前翅第 1 盘室比亚中室短；前翅很少纵褶 ……………………………………………………… 21
21. 中胸侧板以斜缝分为上下两部分；腹部第 1、2 节间不收缩；足长，后足腿节达腹末 ……………………………………………………………………………………………… 蛛蜂总科 Pompiloidea
    中胸侧板无斜缝；腹部第 1、2 节间收缢，使腹部呈葫芦状；足较短，后足腿节达不到腹末 ……………………………………………………………………… 土蜂总科 Scolioidea
22. 头和胸部的毛不分支；后足第 1 跗节正常，无毛 …………………… 泥蜂总科 Sphecoidea
    头和胸部的毛分枝或羽状；后足第 1 跗节宽扁或增厚，常有毛 ……………………………………………………………………………………………… 蜜蜂总科 Apoidea